YOUZHI YANGYANG
XIN JISHU

优质养羊
新技术

主编◎杨士吉
舒 炽◎编著

云南出版集团公司
云南科技出版社
·昆明·

YUNNAN

GAOYUAN

TESE

NONGYE

XILIE

CONGSHU

云
南
高
原
特
色
农
业
系
列
丛
书

图书在版编目（CIP）数据

优质养羊新技术 / 舒炽编著.—昆明：云南科技
出版社，2014.12（2023.8 重印）
（云南高原特色农业系列丛书）
ISBN 978-7-5416-8737-2

Ⅰ．①优…　Ⅱ．①舒…　Ⅲ．①羊—饲养管理　Ⅳ.
①S826

中国版本图书馆CIP数据核字（2015）第259315号

责任编辑：王建明
　　　　　蒋朋美
　　　　　刘　蓉
封面设计：向　炜
责任印制：翟　苑
责任校对：叶水金

云南出版集团公司
云南科技出版社出版发行
（昆明市环城西路 609 号云南新闻出版大楼　邮政编码：650034）
全国新华书店经销
昆明理煜印务有限公司印刷
开本：850mm×1168mm　1/32　印张：5.5　字数：120 千字
2016 年 6 月第 1 版　2023 年 8 月第 5 次印刷
定价：15.00 元

《云南高原特色农业系列丛书》
编委会名单

序

　　云南农业具有独特的地理优势、突出的气候优势、显著的物种优势、巨大的市场优势与开放优势，怎样让这些优势转化为推动全省发展的经济优势？在市场经济条件下，需要以高原特色农业来统筹这些优势，全面打造能影响国内外市场具独特竞争力的高原特色农产品品牌、增强农民参与农业发展的动力与活力，开创具有高原特色的云南农业现代化新道路。

　　为此，中共云南省委第九次党代会对发展云南高原特色农业作出了战略性部署，把发展高原特色农业作为推进全省农业现代化的总抓手。2012年十一届全国人大五次会议上，胡锦涛总书记参加云南代表团审议时明确提出"要大力发展高原特色农业，这是云南的优势"，发展高原特色农业得到了党中央的充分肯定。2012年6月21日，全省召开了"云南省高原特色农业推进大会"，提出：推进高原特色农业发展，是破解"三化同步"农业现代化"短板"的根本出路，是破解农业产业小、散、弱、差的关键举措，是破解农民增收难题的客观需要，是推进云南特色农业现代化的必由之路。2012 年 8 月 7 日中共云南省委常委会议审议通过《关于加快高原特色农业发展的决定》，从此，高原特色农业在高位推动下快速发展。2015 年年初，习近平总书记考察云南时，提出了打好高原特色农业这张牌、着力推进现代农业建设的新要求，为云南加快高原特色现代农业建设指明了方向、理清了思路。2015 年 12 月，中共云南省委九届十二次全会再次强调，加快高原特色农业现代化建设，推动粮经饲统筹、农牧渔结合、种养加一体、一二三产业融合发展，走产出高效、产品安全、资源节约、适度规模、环境友好的高原特色农业现代化道路。

这充分表明，在云南发展高原特色农业，其决策依据是科学的，战略部署是切合云南实际的，得到了广大农民的普遍认同，并已取得了明显成效。

在此背景下，策划出版《云南高原特色农业系列丛书》，十分有助于从理论到实践的系统总结，有利于拓展农业的内涵和功能，进一步支撑全省高原特色农业发展。

《云南高原特色农业系列丛书》突出了理论性和实践性。全书系的内容十分丰富，始终围绕农业发展与高原省情组合下的高原特色优势这条主线，一是在全面发掘高原特色"滇牌"云品农产品优势，全面展示"高原粮仓、特色经作、山地牧业、淡水渔业、高效林业、开放农业"六大工程，有针对性地依照市场经济规律，突出支撑云粮、云烟、云糖、云茶、云胶、云花、云果、云菜、云畜、云药、云渔、云林等高原品牌农产品的系统举措。二是在推进特色产业向最适宜区集中方面，依据地理气候特点和农业区划，引导特色农业规模化经营和区域化集中。三是在模式选择和创新方面，通过高原特色农业示范、农产品加工链延伸、农业科技和农业金融配套、农产品品牌创建、新型农业经营主体培育、农业基础设施建设、提升农产品流通服务、健全农产品质量安全保障等领域，提出了可供参考的诸多研究结论。

书籍属于长线媒体，在文化传承、舆论导向、信息传播等方面发挥着重要作用。这套系列丛书以公益为主，主要从理论层面、产业层面、技术层面分类编辑出版，目标是让这套系列丛书进机关、进学校、进农村，从不同层面推动高原特色农业发展。

思想是行动的先导，实践是理论的源泉，理论是实践的指南。发展高原特色农业的思想已经明确，指导高原特色农业实践的理论和技术需要加快研究。通过《云南高原特色农业系列丛书》的出版，对云南农业发展研究成果和实践成效进行一次系统性的梳理与历史性的总结，是一项功在当代、利在千秋的盛事，必将为高原特色农业现代化的发展，发挥巨大的推动作用。

杨士吉

前 言

云南山区面积占94%，草山草坡较为广阔，牧草种类繁多，仅昆明市有饲用价值的牧草就在220种以上。这些牧草再生力强，柔软多汁，无芒刺，质地大多嫩绿，清香可口，无异味，含有较多的蛋白质、碳水化合物、维生素和矿物质，具有催膘、促进羊只生长发育的作用。林间天然植被多属禾本科、豆科及各类杂草、杂灌木等形成的灌丛草场和草丛草场，非常适合放牧山羊。此外，各地农作物秸秆及其他农副产物也比较丰富，为养羊提供了一定的物质基础。

加快养羊业的发展，是调整农业结构的重大举措，既能充分发挥山区资源优势，增加当地农户经济收入，又能改善城乡人民食品结构，提高生活水平。根据云南实际情况，养羊业是最具优势的养殖产业。要做大做强羊产业，须大力实施"养羊致富工程"，把科学养羊提高到一个新的水平。为此，结合当前开展的社会主义新农村建设，在总结云南各族人民丰富的养羊经验的基础上，吸收国内外养羊专家的研究成果，编写了《优质养羊新技术》一书，希望能对农户养羊提供一些帮助。在编写过程中，尽管编者主观上作了很大的努力，然而由于知识的局限，书中难免存在不足之处，诚望读者提出宝贵意见。

目 录

概 述

一、养羊业结构调整趋势

1. 变"以毛为主"为"以肉为主"

发展肉用山羊生产投资少,风险小,安全性高,效益显著。大力发展山羊养殖,是我国畜牧业迎接 WTO 挑战,参与全球竞争的主要战略之一。长期以来,我国养羊业一直以产毛为主,忽视肉羊生产,羊肉主要依赖自然淘汰的方式提供,产量低,品质差。

改革开放以后,为适应市场变化的需求,提高养羊经济效益,养羊业结构变"以毛为主"为"以肉为主",确定了"引进良种,杂交改良,科学育肥"的优质肉羊开发技术路线。经试验示范,显示了良种杂交优势和组装配套技术效应。羔羊生长发育快,经过阶段育肥,10 月龄羔羊即可出栏,实现了当年羔羊出栏的目标,肥羔羊生产成功,实现了养羊业生产方式的转变,是对传统养羊技术的一次新变革,是养羊业生产方式向质量效益型转化的标志,也是与国际肉羊业接轨的必由之路。

2. 引进良种,杂交改良

为了提高养羊经济效益,克服当前山羊品种单一、品种退化和屠宰率低等问题,许多地方引进了优良的肉用山羊品种——波尔山羊。

波尔山羊是世界上公认的最好的山羊品种,能很好适应各种气候和生态环境,具备肉羊必备的生产性能。通过引进国外优良肉羊品种,对本地羊进行杂交改良,探索杂交一代羊的科学饲养

管理技术,做到良种良法配套,是提高山羊改良效果和获得更高
的经济效益的重要途径。

二、羊肉的市场需求

1.羊肉的营养价值

羊肉营养价值极高,羊肉含蛋白质 12.8%~18.6%,比猪肉高,
羊肝含蛋白质 21%,比鸡、鸭高,羊肉氨基酸中的赖氨酸、精氨酸、
组氨酸、丝氨酸的含量高于牛肉、猪肉,其所含主要氨基酸种类和
数量,能完全满足人体需要,并含有丰富的硫胺素、核黄素、尼克
酸和钙、磷、铁。而胆固醇含量低,是理想的食品,在 100 克可食瘦
肉中胆固醇含量,羊肉为 65 毫克,牛肉为 63 毫克,猪肉为 77 毫
克,鸭肉为 80 毫克,兔肉为 83 毫克,鸡肉为 117 毫克,为避免人
体摄入过多胆固醇,减少心血管系统疾病,近年来许多国家的消
费者趋于取食牛羊肉。羊肉脂肪含量和产热值超过牛肉,身体衰
弱者及老年人,冬天多吃羊肉,有温暖身体,流畅血液循环,抵御
寒冷的作用,羊的其他部分如肾、肝、乳、脑还有较高的药用价值。

2.羊肉的市场需求

目前,在国际市场上,7~8 月龄的山羊肥羔肉最受欢迎。与自
然淘汰的大羊肉比较,肥羔肉属高档羊肉,具有肉嫩、脂少、膻味
小、纤维细、口感好、咀嚼无残渣等特点,是高档酒店、火锅城的上
乘肉料。此外,壮羊肉也受到众多消费者青睐。

三、云南养羊业的现状

云南气候温和,天然草山资源极为丰富,农副产品多,饲养山
羊历史悠久。随着农村产业结构调整,肉山羊已成为节粮型畜牧
业的重要组成部分。

云南省积极引进国外优良肉用山羊品种，改良本地山羊品种，提高其肉用性能，并在生产中推广胚胎移植繁殖技术，迅速扩大良种群。据试验，云南省山羊胚胎移植妊娠率达65%~66%，这项技术已逐步进入推广应用阶段。现已组建了专业的胚胎工程生物技术公司。这标志着胚胎技术应用的商业推广已经起步。目前，牛羊系列饲料开发和无公害饲料生产已列入云南省星火计划。

云南黑山羊现已形成品牌，在广东、广西、海南、香港等地有广阔市场和较好的信誉，在东南亚也有巨大的潜在市场。重视和发展肉用山羊养殖，生产符合市场准入标准的无公害的优质羊肉，不但可以加快贫困地区脱贫致富，而且对改善城乡人民膳食结构，扩大出口贸易都具有重要意义。

四、肉羊业发展目前应注意的问题

我国肉羊业发展较晚，在发展过程中有些问题需要引起重视。

1. 实行标准化生产，确保畜产品质量

近几年来，疯牛病、口蹄疫、禽流感、二噁英等动物传染病和有毒有害物质在许多国家发生和流行，引发了人们对健康、安全、卫生、环保等方面的关心和担忧，人类和动物正面临着更多的安全挑战。因食品污染造成危害人类的事件在世界各地时有报道，特别是导致儿童的肥胖、早熟等现象，已引起许多国家和人民群众的广泛关注。畜产品有毒有害物质残留超标问题，还直接影响畜产品在国际上的竞争力。加入WTO之后，我国畜产品接连遭遇来自进口国越来越苛刻的绿色壁垒，对肉羊业是一个严峻的考验。

"民以食为天，食以安为先"，农产品（指种养业的食用产品）是人类赖以生存的物质基础和基本生活保障。然而，在我们的现

实生活中,农产品的质量和安全隐患越来越突出。在养殖业上,滥用兽药及饲料添加剂状况比较普遍,其造成的负面影响很大。

一是严重影响畜禽机体的健康生长。超时、过量用药及使用假劣药和大量微量元素(如 $CuSO_4$)易使畜禽发生中毒,轻者器官受损,减慢畜禽的正常生长速度,重者死亡。

二是长期大剂量投喂某些抗生素可使畜禽机体内病菌的耐药性明显增强,对人类也会造成隐蔽的危害。比如氯霉素等抗生素药物,由于是人畜共用,动物肉类中含有少量残留,通过食物链在人体内积累后,会使人产生抗药性,当人生病时再吃相同的药,就不会产生作用。

三是滥施药物和在屠宰前不停药,使畜产品药物残留超标,影响了畜产品的安全性。大量投入某种药物或微量元素,对人体的危害不仅表现在人的身体上,大量兽药残留通过动物粪便排入土壤中,会增加土壤的毒性,使土壤中生长出的植物含有有毒因子,继续对人类产生危害。

养好肉羊,除注意羊的营养和品种外,驱虫工作非常重要。驱虫工作作为一项成本低、见效快,而操作简便的实用技术,实践证明是促进肉羊业发展,提高经济效益的重要措施。有的地方把驱虫效果好的药叫"发胖药",说明群众对驱虫的重要性有了一定的认识和了解。目前,所使用的驱虫药品种杂乱,可谓五花八门,令人眼花缭乱,如果使用不当,还会造成药物残留在畜体内的遗留,尤其是对生长周期较短的猪、禽、羊等动物,在公共卫生方面造成一定程度的公害和隐患。对一些残毒遗留较多的药物,应加以限制使用,以免在畜禽体内遗留残毒造成公害。

对于泌乳期的奶山羊,临近出栏屠宰的山羊,其驱虫工作应予以限制,例如泌乳期奶山羊就不能用硝氯酚驱虫,否则奶山羊带药残毒引起公害。此外,应减少毒性较大的敌百虫等驱虫药的使用。目前,云南还有一些羊病尚未得到控制。因此,要认真贯彻

《动物防疫法》,加强疫病防治,控制和消除病原对畜产品的污染。同时,对来自饲料的污染也不能忽视,要认真执行《饲料和饲料添加剂管理条例》,避免在饲养过程中不适当使用药物、激素等添加剂。也要防止种植业滥用农药,造成粮食、秸秆中高残留药物污染。加强对屠宰加工的卫生监督与监测,从各方面提高畜产品的卫生质量,积极参与国际竞争,开拓国际市场。实行标准化生产,确保畜产品安全,是增强我国畜产品国际竞争力最重要的因素之一。标准化生产是一个系统工程,种、料、药品及屠宰、冷藏水平诸方面,不允许任何一个环节有"短腿",必须按绿色安全肉类产品标准组织生产、组织屠宰和组织产品内外销售。

2. 慎重引种,推进杂交优势利用

云南省的肉羊品种主要是本地黑山羊,肉质较好,畅销广东、广西、海南、香港等地。据悉销往广东的云南黑山羊,屠宰后尾巴上都要留一撮黑毛,黑毛已经成了商标,成了品牌,人们对品牌经营应有足够的认识。目前,畜产品消费已进入讲营养、讲安全的阶段,若创造不出消费者认可的品牌,产品和企业的生存空间将越来越小。盲目引种导致品种改良杂乱无章,形成不了品牌。引种不当的事时有发生。如昆明一度掀起奶山羊热,前几年又掀起小尾寒羊热,各县纷纷外出引种,一哄而上,后来不哄而下,成功的不多。尽管引种的初衷是好的,出发点也很对,但事与愿违,原因何在值得深思。

小尾寒羊是一种优良的肉绵羊品种,体型大,生长快,产羔多,耐粗饲,而且由于小尾寒羊不像山羊那样活泼好动,四处奔走,很适宜舍饲圈养,然而小尾寒羊需要的饲养条件比较高,不是什么人都能养,且在山区小尾寒羊远不如平原。加之引进后培训的工作跟不上,管理不善,最后以失败告终。所以,引种要因地制宜,要试点,不赞成满天星发展,要考虑适合不适合。只要点上成功了,良种推广就会不胫而走,对周围产生巨大的辐射效应。国内目前的肉羊引种和炒种热,有许多投资者带有盲目性,大量引种,投资太多,不利于资金回收,引种时注意考虑引入品种是否急需,是否有消化、吸收、利用能力,同时也要考虑引种项目的投资回报率。关于本地黑山羊退化问题,解决途径应以本品种选育为主,努力保持和树立黑山羊的品牌,进一步扩展市场,促进发展。搞好本品种选育,也为杂交优势利用打下基础。杂交亲本的选择,不但要有优良父本,而且还要有优良母本,所以本品种选育工作必须持续不断地开展下去。云南省现有山羊品种一部分属兼用型,兼用品种不容易使用,也不能发挥最好的生产效能,今后选育方向要向专用方向发展,主张一部分育成乳用,一部分育成肉用,以产生最好的经济效益。

杂种有优势,体重提高容易。有专家估计,肉山羊发达国家肉羊增产的 70%来自品种的改良和经济杂交方法的使用。目前国外在进行肥羔生产时,除两品种进行杂交外,还用三品种或四品种杂交,增加多品种杂交母羊的比例来提高养羊的效益。根据自己国家的特点和肉羊的特点,形成一整套技术方案,其杂交方式均是围绕提高繁殖力、早熟(生长快)来进行的。杂种的优势程度在不同品种间和同一品种内不同个体间表现不尽相同。所以在进行肥羔生产前,应首先进行杂交组合试验,找出适合各地区进行肥羔生产的最佳杂交组合。一般而言,品种间差异越大,所获得的杂种优势也越大。国内外经济杂交试验结果表明,各种性状的杂种优势率为:产羔率、增重率和羔羊成活率分别提高 20%~30%,20%和 40%左右,三品种杂交后代每生产 1 千克羊肉的饲料消耗比二品种杂交后代少 18.4%,利用三品种杂交,可显著地提高饲料报酬和羊肉产量。从肉羊业的发展趋势看,杂交优势利用势在必行。

目前云南省已从国内外引进努比亚山羊、波尔山羊等品种,与本地山羊杂交,通过各地杂交试验情况看,都有明显效果。云南省肉羊业在叫响黑山羊品牌的同时,要积极探索用于黑山羊经济杂交生产的杂交组合模式,尽快应用于肉羊生产,以适应市场发展变化,大幅度提高云南省肉羊生产水平。在肉羊生产中,合理利用杂种优势,能充分挖掘品种遗传资源的潜力,从而快速高效地生产优质羊肉。

3. 合理组群,提高基础母羊的比例

羊群的结构是指各种年龄、性别和用途的羊在羊群中的数量比例。比例适当、结构合理的羊群具有较高的生产性能。为了提高出栏率,加快羊群的周转,应重视合理组群,调整现有畜群结构,在羊群中不断提高基础母羊(2~5 岁)的比例,对老弱病残羊、丧失繁殖能力的母羊应适时淘汰,生产母羊与种公羊的配套比例,一般为1:25~30。不作种用的壮羊也要在 2~3 岁出栏,为此要多选留后备母羊。为了及时更新畜群,有计划地提高畜群生产率,应普遍提倡季节畜牧业,这是一种大幅度提高畜产品生产的有效措施,即利用夏季牧草优势,增加载畜量,秋后大量淘汰牲畜,减少对冬春草场的压力。为此,必须启发群众的商品观念,同时改善冷藏设备,并贮备充足的干草。及时地更新畜群,能够较大限度地提高畜产品的数量质量,有效地防止"春乏"死亡。一些有商品经济意识的养羊户掌握"冬至买羊多"的规律,抓住时机,在冬至前把羊养壮,适时出栏卖到好价钱。季节畜牧业有利于提高基础母羊的比例,同时大力推广羊羔肥育生产,羔羊一般肥育到 7~10 月龄出售,加快羊群周转,以便形成理想的羊群结构。

肉山羊群中,繁殖母羊高产年龄结构的比例应当是,1 岁羊占 24%,2 岁羊占 21%,3 岁羊占 20%,4 岁羊占 18%,5 岁羊占 17%,6 岁以后一般应予淘汰。养羊业发达的新西兰,以生产肥羔为主,基础母羊占 70%以上。基础母羊的比例大,产羔率就高,羊群周转就快,"货不停留财自生",养羊也是如此,必须加快羊群周转,才会产生最好的养羊效益。

4. 肉羊需要补料

许多人认为羊是食草动物，不需要补料也可以长得很好，饲养可粗放些，其实不然。正因为羊以草为主，而草的营养是很单一的，而且，随着季节的变化，其营养成分也有很大变化，要提高饲草的转化率更需要营养的平衡，饲料的配合。羊是反刍家畜，反刍家畜瘤胃里的微生物不仅能消化纤维素，而且能合成一些蛋白质和维生素，主要是 B 族维生素。利用秸秆发展山羊是很重要的问题。秸秆利用率低主要是消化率低，仅 35%~55%，这是很大的损失。究其原因无非两个，从蛋白质讲，秸秆蛋白质含量 3%~6%，维持不了微生物的需要，微生物的繁殖受影响；另外，还有一个关键因素是营养单一，淀粉含量低，过瘤胃蛋白质很少，结果到达小肠和真胃的营养很少，葡萄糖供给不足，从代谢能转化为净能效率比较低，只有喂给各种好的牧草和适当补料才长得好，特别在羔羊培育和肉羊肥育阶段，补料更少不了。

仅靠传统的饲养方式要大幅度提高反刍动物的产量和品质是不可能的。一般来说，猪鸡喂配合饲料后，生长速度和饲料报酬大幅度提高，但往往品质下降，而对反刍动物，饲料的改进不仅提高其生产性能，而且可以提高牛羊肉的品质，真正可以同时实现高效优质生产。根据反刍动物的特点，在适当补料的同时，注意供给一定量的青干草，不易引起消化机能紊乱。

5. 重视肉绵羊生产

从国内目前的发展态势看，肉山羊比肉绵羊热，这可能与中国的实际国情有关。但从长远看，要生产优质羔羊肉，要实现肉羊业饲养方式向舍饲或半舍饲方式转变，肉绵羊更具优势。改革开放以来，为适应市场变化需求，省外许多地方利用绵羊品种资源，研究它们之间的最佳配合力，得到较佳的杂交组合模式，广泛开展杂交优势利用，在肉羊生产上取得了突破。云南省绵羊主要饲养在海拔较高的山区，气温低，日照少，作物生长积温不足，自然灾害严重,常常导致少收或绝收,靠粮食生产难以摆脱贫困。山区的优势是山场广阔,饲草丰富。山区养羊首先要解决一个种的问题。从云南的情况看,绵羊是山区,特别是高寒山区主要畜种,开发前景较好,这不仅是因地制宜的问题,也是经济问题,发展肉绵羊不但具有市场,经济效益好,而且还可获得大量肥料,发展粮食生产,建设高产稳产农田。云南现有绵羊品种,如罗姆尾、考尔木等,除毛用外,还有较好的肉用性能,可以作为肉羊培育或配套杂交利用理想的材料。本地白绵羊和黑绵羊产肉性能虽然较专门肉羊品种差一些,但体质结实,在当地具有很好的适应性,可以有计划地引入一些国外高产肉羊品种加以改良,从发展潜力和资源的合理利用来说,在大力发展肉山羊的同时,应重视开发肉绵羊生产。

山羊品种

一、肉用山羊品种

(一)地方品种

1. 龙陵黄山羊

龙陵黄山羊主产于保山地区龙陵县的勐冒、平达、象达、天宁、朝阳等5个山区乡。龙陵黄山羊产肉性能好,羔羊生长快,已列为我国九大肉羊地方优良品种。

龙陵黄山羊主产地区雨水丰沛,灌木丛生。该品种属热带、亚热带雨林山地生态类型的肉皮兼用地方良种。其特点是体大、生长快、易肥、肉质细嫩、膻味小、屠宰率高、耐热、耐湿力强、板皮面积大、质地坚实、致密。

(1)外貌特征

头部、四肢毛为黑色。从枕部有黑色背线直至尾部,其余全身各部位皆为红褐色或黄褐色短毛,小种羊为草黄色。公羊多数有须、有角,少数无角,角向上向后生长,曲扭1~2道弯,额前有一束20厘米长的黑毛,颈项也有15厘米左右的黑毛;母羊多数有须无角,鼻直,额短宽,背腰平直,胸宽深,腹大充实不下垂,尻稍斜,四肢结实有力,姿势端正,蹄质坚实呈黑色或棕黄色,皮薄而富有弹性,乳头对称,短尾。公羊睾丸大而左右对称,有雄性,属细致疏松体质。

母　　　　　　　　　　　公

图1　龙陵黄山羊

（2）生产性能

初生重约 2.51~2.74 千克；3~4 个月龄重约 16.67~17.58 千克；周岁重约 32.90~36.67 千克。成年羊重 43~45 千克。屠宰率46.79%~53.55%。

（3）繁殖性能

在一般情况下，6 个月龄母羊初情期到来，公羔能产生和排出成熟的精子，有性行为。但饲养管理好的，母羊生长发育较快，性成熟早，反之性成熟推迟。初配年龄为 7~8 月龄。母羊乳房大，结构良好，群众无挤奶习惯。繁殖率达 160%。

2. 马关无角山羊

无角山羊主要分布在马关县都龙、金厂、南捞、夹寒箐、马白等区。当地群众称之为"马羊"。无角山羊长得快，无角且性情温顺，方便管理，特别有利于大群饲养。无角山羊繁殖率高，可以作为杂交育种的基础材料。

（1）外貌特征

无角山羊公、母羊均无角，但部分有髯，颈下有二肉垂，头较短，母羊前额有"V"型（无角公羊配无角母羊）或"U"字型（有角公羊配无角母羊）隆起；公羊隆起不明显，颈较细长，背直，后躯较发达，四肢结实，蹄黑色，两耳向前半伸，短尾上翘，毛色较杂。黑色

11

者占45.69%,黑白花者占27.15%,麻黄色占20.53%,白色占3.97%,褐色占2.65%。

(2)生产性能

马关无角山羊周岁母羊体高50~58厘米,体重19.5~30.4千克,1.5岁已成熟;成年无角母羊体高49~72厘米,体重18.7~57.0千克;公羊体高53~68厘米,体重24.5~54.6千克,羯羊体高65~80厘米,体重58~95.2千克。马关无角山羊供肉用,膻味小。屠宰率42.08%。

羯羊   母

图2　马关无角山羊

(3)繁殖性能

马关无角山羊性成熟较早,母羊3月龄即可发情配种受胎,8月龄即可产仔;公羊6月龄即可配种。母羊发情季节明显,发情多集中在4~5月和9~10月,产羔多集中在当年10~11月和次年2~3月。马关山羊繁殖力高,一般一年二胎,每年产双羔占多数,也有产三羔、四羔和五羔的记录。

3. 宁蒗黑头山羊

宁蒗黑头山羊主要分布于丽江市的宁蒗县、丽江县和华坪县,以宁蒗县蝉战河乡较集中,主产三股水行政村。宁蒗黑头山羊体型大,对高海拔地区有较强的适应性,又有较好的产肉性能,为皮肉兼用羊。

（1）体型外貌

公、母羊大都有镰刀型长角，少数无角；头宽、额稍凸，鼻平直，头、颈部毛全黑，少数沿鼻中梁有一道白毛形成的星；体躯除蹄为黑色外其他部位大多数羊为全白，少数羊体躯黑白相间，呈黑白花型。被毛密，多为长毛，长毛前肢着生至肘关节，后肢着生到膝关节，公羊被毛较母羊长，无绒毛，公母羊颌下均有长须。两耳前伸，颈粗长，背腰平直，后躯发达，尾上翘，脚腿高长，前躯稍高于后躯，体型侧视呈长方形，后视为圆桶状，公羊体型较母羊高大，显得威武雄壮。

（2）生产性能

黑头山羊初生重约3千克，6月龄母羊体高55厘米，体重20千克；公羊体高56厘米，体重22千克。周岁母羊体高59厘米，体重27千克；公羊体高58厘米，体重28千克。成年母羊体高64厘米，体重39千克；公羊体高68厘米，体重60千克。屠宰率约50%。

图3　宁蒗黑头山羊

（3）繁殖性能

宁蒗黑头山羊母羊5~6月龄性成熟，其发情周期约20~22天，持续期2~3天，在7~8月份发情的较多，冬季产羔，少部分羊年产两胎，繁殖率136.6%。公母羊一般使用4~5年。

4. 云岭山羊

云岭山羊是云南省山羊中数量最多、分布面积广的地方良种山羊。主产于云南境内云岭山系及其余脉的哀牢山、无量山和乌蒙山延伸地区,故通称为云岭山羊。

云岭山羊耐粗饲,适应性和抗病力强,在放牧、饲养管理极其粗放的条件下,仍具有繁殖力强、屠宰率高、肉质好、板皮品质较优良的经济性状,早期肥育的性能也较好。

（1）外貌特征

体躯近似长方形,头大小适中,呈楔形,额稍凸,鼻梁平直,鼻孔大。成年公、母羊均有须,两耳稍直立。公、母羊普遍有角,角扁长,稍有弯曲,向后再向外伸展,公羊角粗大,母羊角稍细或角退化。颈长短适中。鬐甲稍高,背腰平直,胸宽而深,肋微拱,腹大。尻部宽稍倾斜,尾粗短上举。四肢粗短结实,肢势端正,蹄质坚实、黑色。母羊乳房发育中等,多呈梨形。被毛粗而有光泽,毛色以黑色为主,其他为黑黄花、黄白花、黄色、杂花等。

母　　　　　　　　　　　公

图 4　云岭山羊

（2）生产性能

云岭山羊分布地区广,体型大小不一。羔羊初生重一般平均为2.0 千克;3 月龄断奶体重 7.1~11.7 千克;6 月龄体重, 公羔 13.3~14.1 千克,母羔 11.8~14.1 千克;周岁体重,公羊为 21.1~22.7 千

克,母羊为 17.1~20.5 千克;成年体重,公羊 31.7~35.2 千克,母羊
27.9~38.2 千克,羯羊 34.1~56.0 千克。

云岭山羊产肉性能好,并具有早期肥育的特点,且肉质细嫩,
味美。云岭山羊板皮品质优良,皮细致紧密,剥皮后不用撑开即可
晒干,且没有皱褶。

(3)繁殖性能

公羊 5~6 月龄性成熟,8~9 月龄开始配种;母羊 7~8 月龄初
次发情,10~12 月龄初配。公羊利用年限一般 3~4 岁;母羊利用年
龄 11~12 岁,终生产羔 10~11 胎。母羊产后第一次发情期多在产
后 3 个月,一般一年一胎,年产两胎者仅占 16%左右,一般双羔率
为 50%左右,个别地区可达 70%。

(二)引进品种

波尔山羊

波尔山羊是世界著名优良
肉用品种。产于南非干旱亚热带
地区。1999 年从澳大利亚引入
云南。

(1)体型外貌

头颈为棕红色,体躯四肢
为白色,从额至鼻、嘴有白色条

图 5　波尔山羊

纹。耳宽大下垂,鼻突起,被毛短而稀,角大而呈蜡黄色。体躯长,
背腰宽阔,胸部发达,肌肉丰满,四肢强健,肉用性能比较明显。适
应性强,适于从温带到热带的各种气候环境。

(2)生产性能

性成熟早,常年发情,初情期 5~6 月龄,发情周期平均 21 天,
年产羔率 190%左右, 繁殖成活率 160%~170%。周岁公羊体重

45~60千克,母羊40~55千克。成年公羊体重80~100千克,母羊60~75千克。波尔山羊生长发育快,出生到3月龄日增重可达255克,3~6月龄日增重达225克,6~9月龄日增重205克,9~12月龄日增重可达190克。波尔山羊最佳屠宰体重为38~45千克,此时,屠宰的羔羊肉质细嫩,适口性好,脂肪含量低,瘦肉多。

波尔山羊引入云南后,生长发育比较好,成年公羊体重72.67千克,母羊46.52千克;育成公羊体重51.31千克,母羊39.85千克。89只母羊共产羔157只,产羔率176.4%;初生重平均3.1千克,其中公羔3.22千克,母羔2.98千克。波尔山羊屠宰率高,8~10月龄屠宰率为48%,1岁羊为50%,2岁羊为52%,3岁羊为54%,5岁羊为56%~60%,其屠宰率是所用山羊品种中最高的,并且其抗病力强,对内、外寄生虫侵害不敏感,是目前世界上最受欢迎的肉用山羊品种。

图6 牧场上的波尔山羊

二、奶用山羊品种

(一)地方品种

1.圭山山羊

圭山山羊是一个优良的乳肉兼用型地方山羊品种,以云南省石林县为中心产区,宜良、弥勒、泸西、陆良、师宗等县均有分布,存栏约 20 万只。该品种具有适应性强,耐粗饲,适宜放牧,在地方品种中产奶、产肉性能较好等特点。

(1)外貌特征

体格粗壮,头稍小干燥,额宽,耳大灵活不下垂,鼻直,眼大有神,颈扁浅,鬐甲高而稍宽,胸腔饱满,肋骨开张,背腰平直,腹大充实,尻部稍斜,四肢结实,蹄坚实呈黑色。骨架中等,体躯丰满近似长方形。公、母羊皆有须、有角,角呈三棱形螺旋状向外向后扭转 1~2 道。

公　　　　　　　　　　　母

图 7　圭山山羊

圭山山羊被毛粗短,毛色锃亮,皮肤薄而有弹性。约 10%的羊有肉垂,当地群众称之为"铃铛"。据调查,全身黑毛者占 70.21%,头、颈、肩部、腹部棕色毛者占 21.28%,全身棕色占 7.09%,青毛只有 1.42%。母羊乳房大而紧凑,发育中等。公羊睾丸大,左右对称。公羊颈肩和背部都有较长的毛,雄性特征显著。

(2)生产性能

初生重公单羔 2.63 千克, 母单羔 2.27 千克;公双羔 2.47 千克,母双羔 2.33 千克。4~5 月龄断奶重公羊为 16.5 千克,母羊为 16.6 千克。周岁公羊体重为 28.3 千克,母羊为 28.4 千克。成年公羊体重43.6千克,母羊43千克。屠宰率44.3%。羊泌乳期一般为5~7个月,产奶70~140千克。

（3）繁殖性能

圭山山羊一般4月龄即出现性行为,初配年龄为1.5~2岁,母羊产后60天可再次发情。正常年景农历三月下旬开始发情配种,四月达高潮,五月上旬结束。产羔率为155.9%,产双羔母羊占繁殖母羊数的48%,三羔占3.9%。

（二）引进品种

1.萨能奶山羊

萨能奶山羊原产于瑞士,是世界上最优秀的奶山羊品种之一,是奶山羊的代表型,已广泛分布于世界各地。

（1）体型外貌

具有典型的乳用家畜体型特征,后躯发达,呈楔形。体格高大,被毛白色,少数毛尖呈淡黄色,有四长的外形特点,即头长、颈长、躯干长、四肢长,后躯发育良好,尻部略斜,少肉,端直。公、母羊均有须,大多无角。母羊乳房基部宽广,呈方圆形,向前延伸,向后突出,乳头大小适中。四肢结实,姿势端正,蹄壁坚强呈蜡黄色。

（2）生产性能

成年公羊体重75~100千克,最高120千克,母羊50~65千克,最高90千克。母羊泌乳性能良好,泌乳期8~10个月,可产奶600~1200千克,乳脂率3.5%~

图8　萨能奶山羊

18

4%,各国条件不同其产奶量差异较大。个体最高纪录一个泌乳期产奶达3080千克。

萨能奶山羊适应性、抗病力都较强,既可放牧,亦可舍饲。萨能羊产奶量高,遗传力强,改良地方山羊效果十分显著。喜地势干燥环境,不耐严寒和酷暑,对饲养管理条件要求较高。

2. 吐根堡奶山羊

吐根堡奶山羊原产瑞士,能适应各种气候条件和饲养管理,体质强健,对于放牧或舍饲都能很好地适应。体格和产奶量略小于萨能羊。

(1)体型外貌

体型与萨能奶山羊相近,被毛褐色或浅褐色,幼羊色深,老龄色浅。颜面两侧各有一条灰白色的条纹,鼻端、耳缘、腹部、臀部、尾下及四肢下端均为灰白色,乳镜浅白色。公、母羊均有须,多无角,乳房发育良好。

(2)生产性能

成年公羊平均体高80~85厘米,体重60~90千克,母羊体高70~75厘米,体重45~60千克,母羊平均泌乳期287天,泌乳量600~1200千克,乳脂率3.5%~4.2%,瑞士最高产奶纪录为1511千克,1960年美国有一只吐根堡羊305天产奶2613.63千克。饲养在成都市金牛区种羊场的吐根堡奶山羊,300天产奶量,一胎为687.79千克,二胎为842.68千克,三胎为751.28千克。

吐根堡奶山羊性情温驯,耐粗饲,耐炎热。同时,遗传性能稳定,与地方品种杂交,能将其特有的毛色和较高的泌乳性能遗传给后代。公羊膻味小,母羊奶中的膻味也比萨能羊小。

3. 努比亚奶山羊

努比亚奶山羊是世界著名的奶肉兼用品种,产于非洲东北部的努比亚地区,分布于埃及、阿尔及利亚、埃塞俄比亚等国。1995年引入云南。努比亚奶山羊适应舍饲、半舍饲或放牧饲养,表现了较好的生产性能,与本地羊杂交配合力高,杂种优势明显。

努比亚奶山羊性情温驯,繁殖力强。因产于干旱炎热的地区,耐热性好,对寒冷潮湿的气候适应性差。专家认为,在提高肉用性能方面效果较好。

（1）体型外貌

羊头较小,鼻梁隆起,耳大下垂,颈长,头颈相连处呈圆形,躯干较短,尻短而斜,四肢细长。公、母羊无须,多数无角。被毛色杂,有暗色、棕色、乳白色、灰白色、黑色及各种斑块杂色,以暗红色居多,被毛细短有光泽。

（2）生产性能

我国四川省简阳县饲养的努比亚奶山羊,初生重公羔平均3.3±0.6千克,母羔平均2.9±0.5千克。4月龄断奶体重,公、母羊平均19.65千克。1岁公羊体高77.1厘米,体重44.4千克;3岁公羊体高84.2厘米,体重68.5千克;1岁母羊体高68.7厘米,体重40.2千克;3岁母羊体高73.1厘米,体重47.2千克。成年母羊乳房发达,多呈球形,基部宽广,乳头稍偏两侧,泌乳期5~6个月,年均泌乳量600千克左右,达到我国奶山羊较高水平,含脂率高,可达4%~7%。此品种羊一年可产2胎,每胎2~3羔。

公　　　　　　　　　　　　　　母

图9　努比亚奶山羊

山羊的繁殖

一、公羊的生殖生理

1. 性成熟

幼龄羊只发育到一定时期，无论雄性或雌性，都开始表现性行为，具有第二性征，特别是以能产生成熟的生殖细胞为特征。即雄性能产生成熟的精子，雌性能产生成熟的卵子，雄性羊只有授精能力，雌性羊只有受胎能力为标志。一旦在这期间交配，就有使雌性受胎的可能。这个时期常称为性成熟。山羊一般生后6~10个月达到性成熟。

2. 性成熟和初配适龄

刚刚性成熟的幼龄家畜，虽然也能受精，但容易出现窝仔少，后代不强壮或胚胎死亡的可能，配种过早还影响母羊的生长发育和生产力。因此，性成熟并不等于适于配种繁殖。一般地说，初配年龄应在性成熟的末期或更迟些。山羊初配宜生后10~12个月，初配时的体重为成年羊体重的60%~70%为宜。通过强化培育，虽然未到初配年龄，但只要母羊体重达30千克以上，公羊体重达50千克以上也可以配种。因此，在确定幼羊初配适龄时，主要以体成熟年龄为初配年龄。

二、母羊的生殖生理

1. 母羊性机能的发育阶段

性机能的发育过程是一个发生、发展至衰老的过程,在母羊性机能的发育过程中,一般分为初情期、性成熟期及繁殖机能停止期(指停止繁殖的年龄)。此外,为了指导生产实践,还有一个适配年龄问题。各期的确切年龄又因品种、畜种、饲养管理及自然环境条件等因素而有不同。就是同一品种,也因个体生长发育及健康情况不同而有所差异。

(1)初情期

初情期指的是母羊初次发情或排卵的年龄,这时母羊虽有发情表现,但不完全,发情周期也往往不正常,其生殖器官仍在继续生长发育中。

在初情期以前,母羊的生殖道和卵巢增长缓慢,随着母羊的年龄增大而逐渐增长,当达到一定年龄或体重时,即发生第一次发情和排卵,这就是到了初情期。母羊的初情期年龄为4~8月龄。

(2)性成熟期

母羊到了一定年龄,生殖器官已发育完全,具备了繁殖力,称为性成熟期,但此时身体的发育尚未完成,故一般种畜尚不宜配种,以免影响母羊本身和胎儿的生长发育。母羊的性成熟期为6~10月龄。

(3)配种适龄

母羊的配种适龄应根据具体情况而定,不能一概而论,一般比性成熟晚一些。在开始配种时的体重应为成年羊体重的70%左右。一般母羊的配种适龄为1~1.5岁。

(4)繁殖能力停止期

母羊的繁殖能力有一定的年限,当然其年限长短因品种、饲

养管理以及健康情况的不同而异。山羊一般繁殖能力停止期 11~
13 岁,个别母羊 16 岁照常产羔。从生产角度考虑,老龄母羊繁殖
能力下降,6 岁以后应逐步淘汰。

2. 母羊发情期

母羊发情有季节性和规律性,发情时间集中,配种产羔时间
也集中,以春配秋产羔较普遍,但也有冬配春产羔的习惯。

母羊的发情征状是:表现兴奋不安,经常鸣叫,对周围外界刺
激反应敏感,食欲减退,有时甚至拒食,泌乳的母羊此时泌乳量有
所下降,放养的母羊发情时,常有离群现象,喜欢接近公羊。另外,
母羊在发情时有交配欲,如主动接近公羊,爬跨其他母羊或接受
公羊或其他母羊的爬跨。外阴户潮红肿胀,阴户有黏液流出,见到
公羊就频频排尿,并以后躯朝向公羊表示接受交配。

3. 母羊发情周期

母羊达到性成熟年龄以后,在非妊娠时期,其卵巢出现周期
性排卵现象。随着每次排卵,生殖器官也周期性地发生了一系列
变化。这种变化在性机能衰退以前,表现为周期性活动,按顺序循
环,周而复始。我们把两次排卵之间的这段时间内,机体和生殖器
官所发生的复杂生理过程称为发情周期。山羊的发情周期平均 21
天,范围为 18~24 天。

4. 发情持续期

山羊的发情持续时间一般为 38 小时,范围 24~48 小时,比绵
羊发情持续期长。据西北农学院奶山羊群的观察,第一、二胎年龄
小的母羊发情持续时间较短,多数母羊是在晚上开始表现发情。

5. 配种期

配种期包括两个含义:一是指配种季节;二是指发情时适合
交配的时间。配种季节云南一般分为春秋两季,多数羊只都在春
季配种,秋季配的比较少。大多数母羊在发情开始后 30~40 小时
排卵,所以当母羊发情后 12~24 小时配种受胎率最高,在实际中

一般为：上午发情的母羊，当天下午配种；而下午发情的母羊次日早晨配种。为了提高母羊的受胎率和双羔率，在一个配种期内配种两次为宜，即母羊发情后配一次，间隔 8~10 小时再配种一次，对怀双胎有利。在一个发情期内一般配两次即可，这样做可防止公羊频频配种造成精神不振和体力消耗过度，又可提高种公羊的配种能力。狠抓产后第一个发情期配种，产后发情排卵率高，发情明显，配种受胎率高。

三、妊娠与分娩

（一）妊 娠

羊从开始怀孕到分娩的期间称为妊娠期。羊的妊娠期平均150 天，母羊配种后 20~24 天不再表现发情，则可判断已经怀孕。母羊妊娠后，为做好分娩前的准备工作，应准确推算产羔期，即预产期（见表 1）。

母羊妊娠初期是胎儿形成的阶段，母羊变化不大。妊娠 2~3个月时，胎儿已经形成，手可触摸到腹下，乳房前有硬块。在妊娠4~5 个月时，即妊娠后期，此阶段母羊腹部增大，肷窝下塌，乳房增大，性情一天比一天稳定，食欲一天比一天好，这段时间要加强营养，满足胎儿迅速增大的需要，同时应防止剧烈运动、相互拥挤、疾病感染等因素，有窝的不能撵，以免造成母羊流产、早产。

（二）分 娩

产羔是胎儿发育成熟、母羊将胎儿从子宫中经过产道排出的过程。随着胎儿的发育成熟和产羔日期的逐渐接近，母羊生殖器官及骨盆发生一系列的变化，以适应娩出羔羊和哺育羔羊的需要，母羊的精神状态和全身状况也有所改变，通常把这些变化叫分娩预兆，依据这些预兆，可以预测分娩时间，以便做好接产和羔羊护理工作。

表 1　　　　　　　　母羊预产期推算表

配种日期		产羔日期		配种日期		产羔日期	
1 月	1 日	5 月	30 日	7 月	5 日	12 月	1 日
	6	6 月	4		10		6
	11		9		15		11
	16		14		20		16
	21		19		25		21
	26		24		30		26
	31		29	8 月	4		31
2 月	5	7 月	4		9	1 月	5
	10		9		14		10
	15		14		19		15
	20		19		24		20
	25		24		29		25
3 月	2		29	9 月	3		30
	7	8 月	3		8	2 月	4
	12		8		13		9
	17		13		18		14
	22		18		23		19
	27		23		28		24
4 月	1		28	10 月	3	3 月	1
	6	9 月	2		8		6
	11		7		13		11
	16		12		18		16
	21		17		23		21
	26		22		28		26
5 月	1		27	11 月	2		31
	6	10 月	2		7	4 月	5
	11		7		12		10
	16		12		17		15
	21		17		22		20
	26		22		27		25
	31		27	12 月	2		30
6 月	5	11 月	1		7	5 月	5
	10		6		12		10
	15		11		17		15
	20		16		22		20
	25		21		27		25
	30		26		31		30

（1）分娩征象

母羊在产前半月时,腹部显著增大,乳房膨胀,阴户松弛。如尾根部肌肉下陷时,可能一两天内就要产羔了。发现母羊不愿走动,前蹄刨地,时起时卧,排尿频繁,阴户流出黏液,不断鸣叫,这说明马上就要产羔了。

（2）产羔前的准备

产前 10 天,必须做好接羔的一切准备。产房应背风向阳,通风透光,室温不低于 5~10℃,寒冷地区注意保暖。对产房、运动场、饲槽、羊床、分娩栏要进行清扫,并用 3%~5%的烧碱溶液或 2%~3%的来苏儿溶液或 10%~20%的生石灰水溶液进行彻底的消毒。产期用的饲草、饲料、褥草要准备充足。接产用的毛巾、肥皂、5%的碘酊、药棉、剪子、消毒药水、脸盆等,必须准备齐全。种羊场要按照预产期安排好接产人员与兽医值班。

（3）接　产

母羊产羔时,一般不需助产,最好让它自行产出,接羔人员应观察分娩过程是否正常,并对产道进行必要的保护。正常分娩的经产母羊,在羊膜破水后 10~30 分钟,羔羊即能顺利产出,一般两前肢和头先出,若先看到前肢的两个蹄,接着是嘴和鼻,即是正胎位,到头也露出来后,即可顺利产出,不必助产。

羔羊出生后,首先要擦净其口腔和鼻孔中的黏液,以免影响呼吸或引起异物性肺炎。接着处理脐带,在距腹部 3 厘米处用 5%的碘酊充分消毒,用手将脐带中的血向脐部捋几下,在脐带离腹部 3~4 厘米处撕断或剪断,再将断处充分消毒。最后用干净柔软的干草将羔羊身上的黏液擦干,置于铺有褥草的分娩栏再让母羊舔净,这对母羊认羔有好处。

（4）难产及假死羔羊的处理

一般初产母羊因骨盆狭窄,阴道过窄,胎儿过大,或因母羊体弱无力,子宫收缩无力或胎位不正等均会造成难产。在破水后 20

分钟左右,母羊努责,胎膜也未出来,应及时助产。助产必须适时,过早不行,过晚则母羊精力消耗太大,羊水流尽不易产出。助产的方法是拉出胎羔,助产人员应先将手指甲剪短、磨光,手臂洗净,再用来苏儿水消毒,涂上润滑剂,如胎儿过大,可用手随着母羊努责,再手向后上方推动母羊腹部,这样反复几次,就能产出。如果胎位不正,先将母羊后躯抬高,将胎儿露出部分推回,手进入产道摸清胎位,慢慢帮助纠正成顺胎位,然后随着母羊有节奏的努责,将胎儿轻轻拉出。

出生羔羊如有假死现象,待处理完黏液后,一手提起羔羊的后肢,使其悬空,一手拍击其胸、背部,或使羔羊平卧,用手有节奏地轻压胸部,或用两手分别握住前后肢,一张一合,进行人工呼吸。短时假死的羔羊,经过处理后,一般能复苏。

四、母羊高效繁殖与经济杂交模式选择

运用经济杂交和母羊高效繁殖技术手段是舍饲养羊成功的关键。目前,多数地方舍饲养羊是以地方品种为主,生长速度、生产性能较差,1年1胎,1胎单羔,制约舍饲养羊的效益。饲养地方品种,再好的饲养条件效益也难提高。

1.经济杂交模式选择

(1)二元杂交

利用肉用优良品种(波尔山羊)作父本与本地母羊进行杂交,生产优良杂交种羔羊,全部育肥生产商品肉羊。实践证明,利用波尔山羊与本地山羊进行二元杂交,优势明显。羔羊初生重3.5~4.0千克,哺乳期平均日增重300克以上。但不足之处是受本地山羊泌乳性能限制,杂交羔羊后期生长缓慢。

(2)三元杂交

先引入乳肉兼用优良品种努比亚山羊作父本与本地母本进

行杂交,杂交一代公羊作育肥处理,母羊当作种用,再与肉用优良品种波尔山羊进行杂交,杂交羔羊用作商品羊育肥。三元杂交由于提高了母羊泌乳性能,杂交效果更好,但是生产周期较长。有条件的专业场可选择使用。

2.母羊高效繁殖

母羊高效繁殖即达1年两产。在母羊产后40~60天内安排配种。第1产选在2月,第2产选在9月,主要采用人工催情和同期发情技术,并与羔羊早期断奶、母羊营养调控、公羊效应、加强运动等措施相配套。

(1)药物催情

对持久黄体或黄体囊肿疾病的母羊,可在颈部肌肉注射氯前列烯醇制剂0.1mg,1~5天内发情率90%以上。经公羊试情,发现发情后28小时第1次输精,输精时肌肉注射促排3号15μg/只,间隔8小时再输精1次。

(2)诱导发情

采用牛初乳适量进行肌肉注射诱导发情。据报道,将牛新鲜初乳(或冷藏2~3天),加入抗生素,每只皮下注射16~20ml。注射5天后有70%左右的母羊发情,至第15天可达95%以上,受胎率90%~100%。此外,还可采用公羊诱情。在非繁殖季节将公羊和繁殖母羊严格隔离饲养,在配种季节来临之前,突然将公羊引入母羊群中,3周后相当部分的母羊出现正常发情周期和较高的排卵率,这样不仅可以将配种季节提前,而且可以提高受胎率。

(3)同期发情

在正常情况下,母羊群中的羊只发情是分散而不整齐的。同期发情就是应用技术手段使整个羊群在同一时期内集中发情、集中配种、集中产羔,这样可以大大提高劳动生产率,便于组织管理。

同期发情技术有两条途径:一是对母羊群同时使用孕激素,

控制卵泡的生产发育,达到同期发情;二是使用与前者功效相反的合成激素,抑制黄体,加快黄体退化,使之发情提前到来,达到同期发情。同期发情使用的常用药物有孕激素类药物、前列腺素以及三合激素。为提高受胎率,根据具体情况还可结合使用促性腺激素释放激素。

①孕激素处理法

由于药物有乳剂、丸剂、粉剂等不同剂型,可分别采用口服、肌注、皮下埋植和阴道栓塞等方法。

a.肌肉注射:应用国产三合激素制剂,给母羊一次性肌肉注射0.1~1ml,用药后 2~4 天内有 90%的母羊发情。试验表明,在调整母羊发情期后,第一个情期一般不宜配种,因其受胎率较低,应在第二个情期配种,能提高受胎率。

b.口服孕激素:每日将定量的孕激素药物拌在饲料内,通过母羊采食服用,持续 12~14 天,每日每只羊用药量孕酮 15~30mg 或甲孕酮 8~15mg 或氟孕酮 3~6mg,并要求药物与饲料搅拌均匀后,采食量相对一致。最后一天口服停药后,随即肌肉注射孕马血清(PMSG)400~750 国际单位。

c.皮下埋植法:一般丸剂可直接用于皮下埋植,或将一定的孕激素制剂装入管壁有小孔的塑料细管中,用专门的埋植器将药丸或药管埋在羊耳背皮下,经过 15 天左右取出药物,同时肌肉注射孕马血清 500~800 国际单位。

d.阴道栓塞法:将乳剂或其他剂型的孕激素按剂量制成悬浮液,然后用泡沫海绵。浸取一定药液(如含有 1%~2%土霉素的灭菌植物油中,或含 3%的灭菌土霉素溶液中),或用表面敷有硅橡胶,其内含有一定量的孕激素制剂的硅橡胶环构成的阴道栓,用尼龙细绳把阴道栓连起来,塞进阴道深处子宫颈外口,尼龙细绳的另一端留在阴户外,以便停药时拉出栓塞物。处理 15 天左右取出栓塞物,并在当天肌肉注射孕马血清 400~750 国际单位。

②前列腺素药物处理法

应用前列腺素 PGF_{2a} 及类似物使黄体期中断,停止分泌孕酮,再配合使用促性腺激素,引起母羊发情。前列腺素的使用方法是直接注入子宫颈或肌肉注射,注入子宫的用量为 3~5mg,肌肉注射的用量为 0.5mg,在 2~3 天内能使多数母羊发情。

从理论和实践角度看,孕激素–PMSG(孕马血清促性腺激素)法应当作为母羊调控首选方案。孕激素最好选用:繁殖季节采用甲孕酮海绵栓(MAP),非繁殖季节采用氟孕酮(FGA),剂型以阴道海绵装置为最好。对不适宜埋栓的母羊,也可采用口服孕酮的方法。PMSG 的注射时间,应在撤栓前 1~2 天进行,这样才可能消除因突然撤栓造成的雌激素峰而引起排卵障碍。这种处理方案符合安全、可靠的要求。

前列腺素处理对非繁殖季节的母羊较差,可与 PMSG 配合处理,以提高受胎率。这种技术方案不会对母羊下一个情期造成负面影响。

山羊的营养与饲料

一、山羊的营养需要

　　用来维持生命、生长、繁殖、泌乳等所需要的物质,叫做营养。山羊所需的营养主要包括能量、蛋白质、脂肪、矿物质、维生素和水。这六种营养物质除水以外,都要从饲料里取得。

1. 能　量

　　碳水化合物是能量的主要来源,是由碳、氢、氧等元素构成的有机化合物。

碳水化合物类饲料

　　碳水化合物主要包括淀粉、糖和粗纤维。其中,淀粉和糖能量高,易于消化吸收;而粗纤维主要能填充羊的肠胃,使羊有饱腹感,刺激胃肠蠕动,利于草料消化和粪便排泄。玉米、高粱等精饲料和薯类淀粉含量高,粗饲料中粗纤维含量高,其消化利用程度又与木质化程度有关。因此,饲喂必须粗精料合理搭配,秸秆、饲草要适时收割,使用时不宜铡得过碎、过细,以提高其利用价值。

　　碳水化合物被羊消化吸收和分解后,产生热能。热能用于维持羊的生长、运动、体温等全部生命活动,剩余的能量,可以在体内转化为脂肪贮存起来,以备饥饿、运动或是抗御恶劣环境时动用。同时,羊瘤胃中充足的碳水化合物,可促进瘤胃中微生物的繁殖和活动,有利于蛋白质等营养的有效利用。此外,充足的碳水化

合物供应,可以减少蛋白质的分解,而且有保存和节约蛋白质的作用。相反,碳水化合物供应不足,就会动用体内贮存的脂肪和蛋白质来满足能量的需要,使羊只体质消瘦,生长停滞和繁殖力降低。所以碳水化合物是肉羊的营养基础,只有给肉羊提供丰富的碳水化合物饲料,才能发挥其他养分的效能。但是,饲料中含碳水化合物过多,易使种羊肥胖,繁殖力下降;而对于育肥羊则应该多喂碳水化合物饲料。

2. 蛋白质

蛋白质是羊机体组织增长、修补、更新、产生酶、抗体及维持生命活动的基础结构物质。它在家畜营养上有特殊地位,不能用碳水化合物和脂肪等来代替,必须从饲料中经常供给。蛋白质是由碳、氢、氧、氮和硫等元素构成的有机化合物,是构成羊皮、羊毛、肌肉、蹄、角、内脏器官、血液、酶类、激素、抗体的主要成分。蛋白质由 20 种氨基酸组成,氨基酸又分为必需氨基酸和非必需氨基酸。其中必需氨基酸是指在体内不能合成或合成速度和数量不能满足羊体正常生长需要,必须从饲料中供给的氨基酸。羔羊(2~3 月龄)因瘤胃机能不全,所以要提供必需氨基酸,它们是:组氨酸、异亮氨酸、亮氨酸、赖氨酸、苯丙氨酸、苏氨酸、酪氨酸和缬氨酸。

蛋白质不足会造成羊消化机能减退,生长缓慢,发育受阻,体重减轻,抗病能力减弱,甚至引起死亡。母羊发生营养缺乏时,会使胎儿发育不良,产生死胎、畸型胎,羊奶少,同时也会影响幼羊的生长发育以及抵抗能力。所以在日粮中蛋白质的含量要占一定的比例。一般讲幼羊、公羊和泌乳期母羊需要的蛋白质多一些。但是饲料中蛋白质也不宜过多,过多了不仅浪费,还会引起消化不良和因排泄多余的氮增加肾脏负担,影响健康。

纯蛋白质和氮化物统称为粗蛋白。各种饲料中粗蛋白质含量不同,动物性的饲料含蛋白质多且质量好,其次是豆类饼类饲料,谷物籽实含蛋白质少而质量差。其中,鱼粉、肉粉、血粉中含量最高,含 60%~80%,饼粕类为 30%~45%,豆类为 20%~40%,秸秆类3%~5%。

3. 脂 肪

脂肪和碳水化合物一样,也是由碳、氢、氧三元素构成的化合物,所以二者的作用也很相似,主要的作用也是供给羊体热能,维持生命和生产。但是脂肪与同重量的碳水化合物或蛋白质相比,产热量大 2.25 倍。脂肪还能保护内脏,减少体热的散发,脂肪还能溶解脂溶性维生素 A、D、E、K 和一些生殖激素,便于羊体吸收利用。同时,脂肪还是羊乳的组成部分。

脂肪类饲料、豆科作物籽实、玉米糠、米糠中均含有较多的脂肪。由于羊体不能直接合成亚麻油酸、次亚麻油酸和花生油酸这三种不饱和脂肪酸,必须要从饲料中获得,当饲料中缺乏这些脂肪酸时,会引起羔羊生长缓慢,皮肤干燥,被毛粗直,以及维生素 A、维生素 D 等缺乏症。羊对脂肪需求量相对较少,喂一般饲料即能满足需求。饲料里含脂肪过多,反而有害,往往引起消化不良和拉稀。

4. 矿物质

饲料经过充分燃烧,剩余部分叫矿物质,也叫做粗灰分。

矿物质在羊体内虽然不能产生热能,但它是构成羊体不可缺少的部分,特别是骨骼和牙齿主要由矿物质组成,同时矿物质还参与体液渗透压调节,是多种酶的激活剂,能量、蛋白质、脂肪和碳水化合物的代谢、酸碱平衡的调节等体内各种生命活动,都与矿物质的存在有关。矿物质是保证羊健康生长的必需物质。羊体内缺乏矿物质时将出现贫血病、皮肤病、代谢病、消化道疾病、繁殖机能障碍,严重时可导致死亡。

矿物质种类很多,根据其在动物体内存在的多少,分为常量元素(0.01%以上)和微量元素(0.01%以下)。常量元素有钙、磷、钠、氯、镁、钾、硫等;在微量元素中有铁、铜、钴、硫、碘、锰、锌、硒等。在饲料里比较容易缺乏的是钙、磷、氯和钠,在日粮里应注意补给。

(1)钙和磷

钙和磷是羊需要最多的矿物质,是骨骼和牙齿的主要成分,约有99%的钙和80%的磷存在于骨骼和牙齿中。其余的钙和磷存在于其他组织、体液、奶汁中。

羊缺乏钙和磷会导致佝偻病,伴有生长缓慢、食欲减退等症状,可使公羊精液质量下降,受精率降低,母羊生弱胎、死胎。当磷缺乏时,羊会出现"异食癖",如吃羊毛、泥土等。但当钙和磷供给过量时,也会影响羊正常生长。过量的钙能使体内磷、镁、碘等元素紊乱,过量的磷能使甲状腺机能亢进,造成骨组织营养不良,易骨折。

羊日粮中钙、磷的适当比例为1.5~2:1。在补饲钙、磷时,不仅要补足数量,而且要按比例补给,不然就会影响钙、磷的吸收,造成浪费。同时,钙、磷的吸收利用与维生素D有密切关系,应适当予以补充。

一般植物性饲料都缺钙,而豆科牧草和苋科植物含钙量丰富,而禾本科籽实、饼粕、糠麸含磷较多。同时含草酸多的青饲料,如菠菜、牛皮菜等可妨碍钙的吸收,在大量饲喂时容易引起缺钙,在饲养实践中,日粮中补钙时多用石粉、骨粉、贝壳粉、蛋壳粉和饲喂优质豆科牧草,日粮中补磷时多用骨粉和磷酸氢钙。

(2)钠和氯

食盐是由氯和钠两种元素化合而成的,所以又叫氯化钠。氯化钠具有调味和营养的作用。它能改善饲料的适口性,增强食欲,刺激唾液腺分泌唾液,促进消化酶的活动,帮助消化,提高饲料利用率。尤其是对提高纤维素的消化有着重要作用。食盐中的氯和钠分布于羊的所有体液、乳汁和软组织中。有助于维持体细胞的

34

渗透压平衡和酸碱度平衡,对组织中的水分和养分运送及废物的排泄都起着重要作用。食盐还是胃液的组成部分,食盐不足会降低饲料的利用率,使山羊生长缓慢,被毛粗乱和脱落,并有啃泥舔墙等异食现象。植物性饲料里含氯和钠很少,一般不能满足山羊的需要。因此,应经常给羊补饲食盐,一般按日粮干物质的 0.15%~0.25%或混合精料的 0.5%~1%补给食盐,如给量过多会使羊中毒,每千克体重超过 1.85 克会使羊死亡。

喂食盐的方法

可把粉碎的食盐按需要混在精料里饲喂,也可将块状食盐放在饲槽里,任羊自由舔食。大多数地方的群众习惯于掰嘴塞喂,人为强迫给食。据反映效果比前两种方法好。

(3)硒

硒是谷胱甘肽过氧化酶的组成成分,这种酶具有抗氧化作用,能把过氧化脂类还原,防止这类毒素在羊体内的蓄积,并参与体内的碘代谢,还有助于维生素 E 的吸收和贮存。

硒与羊的生长

缺硒时,会引起羊食欲减退,生长迟缓,繁殖力下降。缺硒对羔羊有严重影响,特别是羔羊出生后 2~8 周龄时,常见羔羊营养性肌肉萎缩,造成突然死亡,尸体解剖时可见横纹肌上有白色的条纹,这被称作白肌病。我国缺硒地带的面积较大,云南也属于缺硒地带,这些地区的饲草、饲料中含硒量也较低,不足 0.05 毫克／千克。一般以亚硒酸钠制成预混料予以补充。在补饲的混合饲料里,加含硒生长素 1%。硒过量会造成硒中毒,主要表现为蹄溃烂、脱毛、繁殖力下降等症状。

5. 维生素

所谓维生素,就是维持生命的要素。在饲料里虽然含量甚微,但作用很大。它对机体神经的调节,能量的转化和组织的代谢,都有重要作用。维生素的种类很多,已知的有 20 多种。山羊对维生素的需要量虽然极少,但是缺少了也会引起维生素缺乏症。缺乏维生素 A,就会生长停滞,繁殖力下降,上皮细胞角质化,还会引起肺炎、肠炎、气管炎、眼病和死胎等疾病;缺乏维生素 D,就会影响钙磷的吸收,引起佝偻病;缺乏维生素 E,会发生肌肉营养不良的退化性疾病(白肌病)和公羊睾丸萎缩症,影响生育。

维生素 B 族对山羊维持正常生理代谢也非常重要,但山羊瘤胃中的微生物可以合成维生素 B,所以不易缺乏。若山羊患某种疾病或得不到完全的营养时,有机体合成维生素 B 的功能遭受破坏,这时应补给维生素 B。

富含胡萝卜素的饲料

　　青草、胡萝卜、黄玉米、鲜树叶、青干草内含丰富的胡萝卜素。羊的小肠能把胡萝卜素转化为维生素 A。羊还可以借助太阳光的照射作用,把皮肤中含有的 7-脱氢胆固醇转变为维生素 D。在青草中维生素 E 的含量,足够山羊的需要。所以只要注意山羊的优质青、干草的供给,就不会导致维生素 E 的缺乏。

---

6. 水

人们常说:"宁缺一把草,不缺一口水。"水是羊体的重要组成成分之一,一般可占体重的 60%~70%。当羊体内水分损失 5%时,羊会有强烈的饮水欲望,当损失 10%水分时,羊会感到不适,出现代谢紊乱,当损失 20%以上的水分时,会危及羊的生命。可见水分对有机体是非常重要的,水是羊一切生命活动不可缺少的,它具有调节体温、运输养分、保持体形、排泄废物、帮助消化吸收、缓解关节摩擦、促进新陈代谢等功能。如果水分不足,则会引起产奶量下降,患病,甚至死亡。在饲养上必须供给羊足够的饮水,羊每日自由饮水至少2次,最好在圈舍和运动场里设常备水槽,经常保持清洁的饮水。同时,在喂完尿素后不能立即饮水,否则易引起中毒。

二、常用饲料

山羊的常用饲料主要分为青饲料、青贮饲料、粗饲料、能量饲料、蛋白质饲料和矿物质饲料六大类。

1.青饲料

青饲料指的是能供给家畜营养的青绿植物,以富含叶绿素而得名。青饲料种类繁多,来源十分广泛,如青草、野菜、青绿树叶、新鲜水草和各种牧草作物等。

青饲料的一般特征是:颜色青绿、鲜嫩多汁、适口性强,羊爱吃,纤维素少,容易消化吸收,青饲料营养丰富而全面,是各种羊的很好饲料,所以有人叫它保健饲料。

青饲料的干物质中,含粗蛋白10%~20%以上。豆科的比禾本科的蛋白质高5%~10%,苜蓿中粗蛋白的含量相当于玉米、高粱的2~3倍(按干物质计算)。山羊最喜欢吃的是灌木,灌木树叶蛋白质含量高,特别是刺槐(洋槐),不但含有高蛋白质、多种维生素和钙,9月1日以前的刺槐粉还可作精料。蚕豆密植,盛花期青割喂羊,营养价值高于秸秆籽实。青饲料叶片中的叶蛋白,其氨基酸的组成接近于酪蛋白,能很快转化为乳蛋白。更可贵的是青饲料中含有各种必需氨基酸,尤其是赖氨酸、色氨酸和精氨酸较多,所以营养价值很高,富含各种维生素。青饲料中胡萝卜素、钙磷含量丰富,而比例适当。

青饲料的含水量一般在80%以上,这样碳水化合物含量就相对减少了,对肉羊应适当补给精饲料。

青饲料的营养价值是随着不同的生长阶段而变化的。幼嫩的青饲料粗纤维和无氮浸出物的含量为 1.5:1 至 2:1,而老化的青饲料则为 2:1 至 3:1。蛋白质的含量也是随着生长而逐渐降低,所以青饲料的利用要适时,种植的牧草多在抽穗期和初花期青刈,这时产量高,营养价值也高。

2. 青贮饲料

青贮饲料是将青绿多汁饲料切碎、压实、密封,通过乳酸菌发酵,而制成气味酸甜、柔软多汁、营养丰富、易于长期保存的青绿多汁饲料,是冬春枯草季节的优良饲料。推广青贮饲料,对开辟饲料资源,调节饲料淡旺季余缺,提高养羊经济效益具有十分重要的意义。

青贮的原料主要是农作物秸秆,如青玉米和大麦等。另外,花生秧、薯秧、豆秧以及各种树叶、菜叶等也可做成青贮,在豆科青草和禾本科青草混贮时,豆科青草不应超过 30%。青贮饲料可以较多的保存青饲料的养分。经过青贮的青饲料,养分的损失一般不超过 10%,好的青贮饲料能保存大量的维生素,胡萝卜素几乎不受损失。如果在青贮时,按原料 0.5%~1%加入尿素,并均匀地喷洒在原料上,可大大提高饲料的质量。

3. 粗饲料

粗饲料含粗纤维较多,其干物质(除去水分的物质)中粗纤维的含量在 18%以上,它包括干草、秸秆、干树叶、秕壳类。

粗饲料含有一定的无氮浸出物(20%~40%)、体积大、水分少、粗纤维含量高(25%~50%)、蛋白质低(3%~8%),胡萝卜素和 B 族维生素几乎没有,而适口性差,难于消化,总之,营养价值低。但是羊有发达的瘤胃,加之微生物的作用,对纤维素有较高的消化率(50%~90%),所以粗饲料在日料中应占一定的数量(10%~25%),这样不仅能供给肉羊的一部分营养,还能使羊吃后有食饱感。

粗饲料质地粗硬,在日粮中比重不宜太大,试验证明粗饲料超过 25%~30%时,干物质采食量与日增重逐步降低,所以粗饲料应和青饲料、精饲料和优质干草等搭配使用。

4. 能量饲料

能量饲料是指干物质中粗纤维低于 18%，同时粗蛋白低于 20%的饲料。主要用于供给能量。包括禾本科的籽实及其糠麸,如玉米、大麦、燕麦、高粱等谷类和麦麸、米糠、高粱糠等。禾本科籽实含淀粉丰富,一般含量为 70%~80%,每千克能产生消化能 3000 卡以上,粗蛋白质含量一般在 7%~13%。禾本科作物籽实的蛋白质品质不高,缺乏赖氨酸、色氨酸;脂肪的含量约占 2%~5%,矿物质也较少,含钙很少,含磷多以磷酸盐的形式存在,不易被家畜吸收利用,维生素以 B_1 和 E 较为丰富,但缺乏维生素 D,除黄玉米外,均缺乏胡萝卜素,粗纤维含量少,营养集中,体积小,容易消化,是肉羊重要的热能饲料。

糠麸类含蛋白一般,粗蛋白质在 10%~15%之间,略高于禾本科籽实,含能量是原粮的 60%。米糠里有较多的脂肪,约含 13%左右。麦麸含蛋白质较多,质地也疏松,有轻泻性,能通便,但幼畜喂得过多会引起拉稀。

在肉羊饲养上,在补足能量饲料的同时,还应补充一些蛋白质饲料,以及钙和维生素 A 等,改单一饲料为混合饲料。

5. 蛋白质饲料

蛋白质饲料是指干物质中粗蛋白质含量在 20%以上，同时,粗纤维含量在 18%以下的饲料。主要包括植物性饲料和动物性饲料。

(1)常见的植物性饲料

主要有豆饼、棉籽饼、花生饼、菜籽饼等,含蛋白质为 20%~45%。大豆饼品质是最好的,色黄味香,其蛋白质含量在 40%以上。棉籽饼含粗蛋白质 20%~40%,但因含有游离棉酚毒素,长期大量饲喂易引起中毒。花生饼也是较好的蛋白质饲料,含粗蛋白质 40%~49%,但夏天易受潮,被黄曲霉污染后易引起中毒。菜籽饼含粗蛋白质 31.6%,营养丰富,价钱便宜,是很好的植物蛋白饲料来源,但它含有毒物质,其中以硫代葡萄甙和芥子碱的危害最大。在饲料配方中只能限量使用,一般不超过 8%,否则将产生明显的毒副作用,并影响肉、乳质量,造成损失。

(2)动物性蛋白质饲料

主要包括鱼粉、血粉、肉粉、羽毛粉、蚕蛹等。它们含蛋白质高达 50%~80%,不含粗纤维,氨基酸齐全,钙、磷比例适当,消化率高,还含有丰富的 B 族维生素,但应注意在使用时要搭配一些能量饲料。

6. 矿物质饲料

矿物质饲料只含有羊必需的矿物质元素,用于补充羊日粮中矿物质的不足。其中,食盐用于补充氯和钠,贝壳粉用于补充钙,骨粉用于磷、钙的补充。一般情况下,除食盐外,矿物质饲料与精料进行混合使用。

三、青贮加工技术

饲料青贮能最大限度地保存青饲料中的营养物质,适口性好,羊一般喜食,其饲料来源广泛,最易青贮含糖多的饲料,如红苕、红苕藤、蔓菁、甘蓝、南瓜、玉米秸秆、禾本科牧草等。

1. 青贮的原理

主要是利用乳酸菌的厌氧发酵,产生乳酸,抑制不耐酸和好氧菌的生长,使青贮饲料可以长期保存不变。

2. 青贮常用的方法

(1)青贮窖

调制青贮饲料需要一定设备,如青贮窖(池)、塑料袋等。青贮窖分地下、地上、半地下半地上三种。青贮窖的大小主要取决于青

40

贮原料来源、羊只数量以及饲喂时间长短。一般每立方米青贮料重 500 千克。

建造窖的原料有土、砖、水泥。其中砖窖比较坚固,且有一定渗水性,青贮效果最好,但修建费用稍高一些,修建时应注意把砖缝抹平。这类窖使用年限较长,通常又叫永久窖。

青贮窖有圆形窖,长方形窖,其中推广长方形窖在农村较为理想。窖的大小以饲养量而定,一般而言,饲养规模在 50 只左右的农户,建长 5 米、宽 1.5 米、深 2.5 米的 2 个窖,可贮秸秆 2 万~2.2 万千克,可以满足半放牧半舍饲补饲用草。

青贮饲料用地的计算:青贮饲料储备量根据饲养规模的大小(存栏多少)而定,实行半放牧半舍饲方式饲养山羊,一只成年羊一年需青贮料 670 千克,青干草 180 千克。若以 50 只年存栏,需青贮料为 670×50=33500 千克,每亩地产玉米青秸秆 4000 千克,则需种植玉米地(33500÷4000)为 8.37 亩。

青贮窖建好后,不能"白天装太阳,晚上装月亮",长期闲置不用是个损失。

(2)地面青贮

地面青贮在畜牧业发达的国家应用很广,目前云南尚处在起步阶段。地面青贮是将青贮原料按照青贮操作程序堆积于地面上,逐层压紧,垛顶和四周用塑料薄膜重叠封闭好,用土壤堆压达到更严密的厌氧环境。云南省肉牛和牧草研究中心对玉米秸秆不同切碎长度进行了研究,结果表明 0.5 厘米效果最好。压实技术以每高 1 米压实一次为佳,先从长形方向压,再从宽度方向压实,最后用重型机型或其他重物压实。所使用的三层塑料膜,黑色面向青贮料,以保湿保温;白色面向外,以防止强烈阳光的照射,避免高温的发生;中层防穿刺,达到密封更为有效的作用。

开展地面青贮,解决常规青贮技术中存在的饲料浪费率高、利用率低、设施投入较大等技术难题,降低青贮成本,提高青贮质量和增加养殖效益,并且不受数量和场地的限制,有利于规模生产。

(3)塑料袋青贮

青贮数量少,可采用这种青贮法。

3.青贮饲料的制作

要搞好青贮饲料,必须切实掌握好收割、运输、铡短、装实、封严几个环节。

(1)适时收割

青贮的原料,要适时收割。豆科植物在孕蕾期和初花期,禾本科植物在孕穗期,玉米应在乳熟期或刚收玉米后茎叶尚绿时立即收割。这时作物的产量高,养分多,水分也较为适当,是青贮的好时机。这时要抓紧时间青贮,做到边收割、边运输、边铡(3~5厘米)、边装填、边压实踩紧,料要一次装完。

(2)装　实

装窖前,应先将窖内的杂物清洗干净。若用土窖青贮,窖的底部、四周应先垫上塑料薄膜,并在窖底垫一层15~20厘米的秸秆,以防底部潮湿及漏气。装窖时,装一层踩实一层,压踩得越实越好,特别要注意边缘和四角不留空隙。原料应装填到高出窖面30厘米左右为宜,高出窖面的部分,应填成馒头形,以便密封。装填时间越短越好。

(3)密　封

装窖工作完成后,立即用塑料薄膜密封窖口,然后用湿黏土盖严压实即可。3~4天后因原料发酵开始下沉,再用黏土填高,过10天左右再下沉再填土,以封窖土始终高出窖面10厘米为宜。同时,为防止雨水渗入,一定要在青贮窖的四周挖好排水沟,并随时注意观察,若发现有裂缝、漏气的地方,应立即补好。塑料袋贮要先装满边角,然后分层压实,扎好袋口密封。袋贮时要防止鼠咬和竹扫帚之类的利物戳破薄膜,影响青贮质量。无论采取什么方法青贮,关键应掌握:第一,保证原料品质,要求原料新鲜洁净,并及时除去其中的霉变、腐败、病虫害等部分,同时原料收割时至少有70%的茎叶为绿色,以使原料含有足够的糖分(不低于3%),保证乳酸菌正常发酵。第二,青贮原料含水量要适中,一般为70%左右。水分过低不易压实,水分过多又易压实板结,利于酪酸菌活动,使饲料腐臭,品质变劣。水分过多加糠麸或收割后稍晾晒,至叶片、叶柄变软再青贮,水分不足可分层适当洒水。检查含水量的方法是:用手握紧原料,以手指缝露出水珠但不滴下为宜。第三,青贮原料应尽量切碎切短,其长度视原料质地的软硬程度及所饲喂家畜的对象而定,一般玉米、高粱秸秆的切碎长度不能超过2厘米,其他较细软的原料不得超过3厘米。第四,装窖(或袋)逐层压紧压实,盖严密封,在青贮过程中,对袋贮和窖贮要经常检查,做到始终保持密封。

4. 青贮饲料的使用

青贮饲料使用时要分层或分段,取完青贮料后要立即盖严。取料应随取随喂,取出的青贮饲料不能过夜;饲喂青贮饲料不用煮,可以直接与其他饲料混合或单独饲喂,每只羊每天的青贮料喂量为1.5~2.5千克。

在开始饲喂青贮料时,饲喂量由少到多,以使羊逐渐适应。如青贮料过酸,可按10加1比例加入3%~5%石灰水中和。同时,青贮料含水多,相对的干物质、蛋白质、能量较少,因此,在饲喂时应搭配一定的干草或精料,以保证营养的均衡。青贮饲料具有一定的轻泻性,孕羊不宜多吃。

5. 青贮饲料的品质评定

对青贮饲料的分析和评定,具有重要意义。通过分析和评定,一是可知青贮饲料之好坏,品质之优劣,从而可以检查青贮过程的正确与否,以便总结经验,进一步改进青贮的技术和提高青贮饲料的质量,减少损失,提高利用率;二是可知青贮饲料的适口

几种常见青绿饲料的青贮方法

（1）玉米秸青贮法

玉米秸青贮分为两种。一种是专为青贮而种植的玉米，可选用植株高大，茎叶产量高的品种，如昆明市种子公司培育的玉米青贮专用品种金耕10号、耕源1号等。要求密植，每亩种6000~8000株，亩产7000千克左右。在乳熟后期收割，将茎叶与玉米棒子一起切碎进行青贮。另一种是以粮食生产为主的玉米秸青贮，即在玉米蜡熟后期（红缨干时）开始收割，既不影响产量，又能提高茎叶的利用率。青贮时为保证质量，宜采用秸秆中上部茎叶，下半部枯硬死部分弃之不用。青贮时切碎长度以2厘米为好。玉米秸秆青贮常用于窖贮。

（2）蚕豆尖混合青贮法

可在蚕豆荚成熟至发黄时，将茎叶顶端无荚部分割下进行青贮。配方如下：蚕豆尖（切碎）80~90千克、玉米面（或麦麸）10~5千克、米糠（或草糠）10~5千克，食盐1~0.5千克。将以上原料混合均匀后入窖，边装边压实，尽量排除空气。用缸或水泥窖青贮的，待原料装满后，窖口（或缸口）用塑料薄膜密封隔离空气，并在薄膜上面盖一层土压实即可。用塑料袋青贮的，原料装满压实后，尽量排除空气将袋口扎紧即可。

用这个方法制成的青贮饲料颜色青绿，鲜嫩多汁，有芳香味，羊很爱吃。干物质中含粗蛋白26%左右。同时，蚕豆尖适时打尖既能提高产量，又可促进蚕豆早熟。

（3）红薯藤青贮法

青贮的红薯藤要求原料无泥土、清洁、无霉。新鲜红薯藤的含水量一般在80%~85%之间，青贮时间可按如下配方调节水分：红薯藤75~90千克（切碎）、玉米面（或其他面）10~5千克、米糠（或草糠）15~5千克。红薯藤的切碎长度可根据饲喂牲畜种类而定，猪一般为1~1.5cm，羊一般为2~4cm以上。可窖贮或袋贮，青贮方法及注意事项和蚕豆尖一样，在此不再赘述。

（4）蔬菜叶的青贮法

蔓菁、萝卜、洋芋茎叶、白菜、洋花菜、莲花白等蔬菜边角料，都是上好的青贮原料。在收获蔬菜时，使菜叶、茎叶、缨子保持青绿、清洁、不带泥土、无霉烂。蔬菜叶含水量较高，一般为85%~90%，青贮时可晾晒1天或按以下配方进行混贮：蔬菜脚叶料：65~75千克、玉米面（或麦麸）10~15千克、米糠（或草糠）25~15千克、原料长度应根据饲喂家畜种类而定，青贮方式可因地制宜采用袋贮、缸贮等。

性、可食性和确定饲喂哪种家畜。青贮饲料的品质的评定,主要以其色泽、气味等感观情况进行评定。

优质:绿色或黄绿色,有光泽,气味芳香,略有醇酒味,给人以舒服的感觉,品质良好的青贮饲料压得非常紧密,但拿在手上又很松软,略带湿润不沾手,叶、小茎、花瓣能保持原来的状态,叶脉清晰。

中等:一般呈暗绿色或黄褐色,香味极淡或没有,具有强烈的醋酸味,质地较松软,水分多,叶茎花能分辨清楚。

劣质:黑色或褐色,有刺鼻臭味、腐败发霉味,甚至出现群众说的"淌酱油"的情况,拿到手里感到发粘、腐烂、结块,叶茎花已分辨不清,这种质地不良的饲料严禁饲喂。

四、青干草调制技术

青饲料干到含水分14%~17%时即成青干草。优质的青干草颜色青绿、气味芳香、适口性强,含有丰富的蛋白质、矿物质和维生素,可以长期储存,是山羊良好的饲料。

青干草质地的好坏与草的种类、收割时期、制作方法和保存情况有很大关系。

一般说,豆科和禾本科植物调制的青干草质地好,营养价值高。调制青干草的植物收割要适时,早期收割虽然含蛋白质维生素多,但产量低,水分大,晒制困难;收割过迟,粗纤维含量增多,蛋白质、维生素降低,营养价值也降低。实践证明豆科牧草在始花期到盛花期收割好;禾本科牧草以抽穗期到开花期收割为宜;饲料高粱与大豆以籽实将近饱满时收割营养价值最高。俗话说得好"暑天的草,三冬的宝",适时晒制青干草很重要。

青干草的调制方法,目前有三种:即地面晒制法、草架晒制法和机器干燥法。由于调制方法不同其青干草的质量也不一样。

表 2　　　　　　调制方法对青干草营养价值的影响

调制方法	可消化蛋白质保存数量(%)	每千克萝卜素含量(毫克)
地面晒制	50~70	15
草架晒制	80~85	40
机器干燥	95	120

　　机器干燥和草架晒制青干草质量好，主要是因为干燥得快，损失养分少之故。有条件的地方应尽量采取机器干燥和草架晒制的方法。但这两种方法需要设备，我国目前普遍应用的仍是地面晒制法。

地面晒制干草法

　　选晴朗天气，将收割的青草薄薄地平铺在地面上暴晒，勤翻，经 4~6 小时，当原料水分降到 38% 左右时，聚成高 1 米、直径 1.5 米的小堆（这样可减少日光破坏胡萝卜素）继续晒 3~4 天，当晒干后打捆或压成草垛贮存。青干草不宜粉碎，因粉碎增加了氧化机会，影响青干草质量。贮存青干草要严防受潮和火灾，也不能堆放在外面风吹日晒雨淋。

　　叶片是全株中储存养分最丰富的地方，例如豆科牧草叶片中含蛋白质为全株的 80%，糖类为全株的 50% 以上，胡萝卜素为茎的 8~20 倍。在调制过程中，叶片是青干草的精华，要尽量防止叶片的丢失。优质青干草水分低于 15%，叶多茎软，色泽清绿，芳香味浓等。

五、秸秆氨化饲料

　　稻谷草、麦秆草、包谷秆草为喂牛、羊的基础饲料，来源广泛，价格低廉，是农区重要的饲料资源。其特点一是体积大、粗硬、适口性差、消化率低，这些农作物秸秆的干物质中，植物细胞壁成分高达 70%左右,而细胞壁的基本成分为粗纤维素、半纤维素、木质素和角质等,且它们紧密嵌合,性质十分稳定,而木质素是影响反刍动物瘤胃微生物活动的主要原因。二是用于发酵的氮源和过瘤胃蛋白含量少,使羊瘤胃中微生物生长发育受阻,无法创造良好的发酵环境。三是秸秆中粗蛋白质和矿物质含量低,不能满足维持需要。

国内外专家为提高秸秆粗饲料营养价值的研究,已进行了几十年。20 世纪 80 年代以来,联合国粮农组织专家在埃及、南非和我国北方地区,结合当地生产实际,进行了氨化技术的研究,饲喂牛、羊成本低,效果好。

1. 氨化的原理

在农作物秸秆中加入一定数量的氨源,使秸秆发生氨解反应,破坏其中的纤维素、木质素复合结构,使秸秆变得易于消化,从而提高了饲料的消化率。

2. 氨化饲料的制作方法

秸秆(稻谷草、麦秆草、包谷秆草),可单独氨化,也可混合氨化,将秸秆铡短至 2~3 厘米,100 千克秸秆用尿素 3~4 千克,石灰1~2 千克或用尿素 2~3 千克,石灰 3~4 千克,溶于 30 千克水中(热天用冷水,冷天用温热水)。先溶解石灰水,过滤后再加尿素溶解,这样不影响食口性。待溶化后,用喷壶喷洒在秸秆上拌匀,装入氨化池(窖)内,踩实;用农用塑料薄膜盖顶,再用稀泥或细沙土覆盖

优质氨化秸秆的外观质量

棕色或深黄色,发亮,有糊香味,氨味较重,质地柔软。若原料为隔年陈秸秆,氨化后色泽发暗。开窖后颜色与未氨化的秸秆一样,说明没有氨化好,其原因可能是水分不够,或氨化时间短;若秸秆发白、发灰或发红且结块,说明封闭不严、漏气,秸秆已变质。变质的秸秆,不能喂家畜。

在薄膜上,进行常温发酵氨化。加石灰主要是降低氨化成本,尿素损失量少,此外增加了日粮中钙的含量,较好地解决了日粮一般磷高钙低的问题。氨化处理时间, 达到完全分解 0℃90~100 天,15℃60 天,25℃40 天,云南夏天密封氨化 1 个月,即可开池(窖)取料饲喂牛、羊,一般氨化 2 个月保险。氨化池(窖)的大小,视牛、羊多少而定。一般饲养户,只需用小砖、水泥砌成长 6 米、宽 1 米、高(深)1 米的长方形窖,中间砌一隔墙,均匀分成两个体积(容积)各为 3 立方米的小窖。两个小窖,一个窖氨化,另一个取喂,交替使用。1 立方米容积,一次能氨化秸秆 130 多千克。

3. 氨化饲料喂牛、羊好处

(1)提高有机物的消化率

秸秆氨化后有机物消化率提高 20%以上,粗蛋白质含量提高 1~2 倍,即提高 8%~10%。

(2)提高饲料的适口性、消化率

秸秆氨化后,明显提高秸秆的适口性,与饲喂未氨化秸秆相比,采食量提高 20%~50%。

(3)提高秸秆防霉性

氨化处理最大优点是防霉,可以长期贮存含水率较高的秸秆,如未晒干稻草作为牛羊冬春饲料。氨化处理后,杀灭了原料中的病源微生物及寄生虫卵,降低了牲畜发病率,特别是胃肠道的发病率大为减少。

(4)提高秸秆的营养价值

氨化饲料的营养价值,相当中上等人工栽培的牧草。实践证明 4 千克氨化饲料抵得 1 千克包谷的营养价值,可以作为 4~6 月龄青年牛和断奶后羊只生长发育的全部粗饲料。

(5)提高反刍动物生产性能

饲喂肉牛,如日喂 4~6 千克氨化饲料,加 2 千克以上牛用配合料(包谷 52%、麦麸 20%、豆糠 27%、骨粉 1%、食盐 0.5%,适量青料等),获得 1 千克左右日增重。用同样方法喂肉羊,也收到较好的效果;饲喂奶牛,可明显提高奶产量。

(6)促进农业良性循环

通过推广氨化饲料,使作物秸秆过腹还田,同时提高了家畜粪便的含氮量,增加粮食产量,促进了农业的良性发展。

六、饲料调制与全价日粮配比

如何搞好粗饲料的调制,提供全价营养日粮,是保证舍饲养羊成功的核心问题。圈养条件改变了羊游走觅食的生活习性。给羊喂啥它吃啥。尤其是在缺乏青绿饲料的冬、春季节,往往会造成羊严重的营养代谢障碍。因此,农区舍饲养羊必须做到粗、精、青饲料的合理搭配。

1. 粗饲料调制

作物秸秆、秧藤等含木质素多适口性差,但又是农区养羊的主要粗饲料来源,必须进行合理处理。首先要保持干净、无霉变、加工切短,但防止粉碎过细。若长期饲喂过细的粗饲料易引起羊的反刍障碍,发生前胃弛缓、积食、臌气等内科疾病。试验证明,粗饲料长度在 1~3 厘米,羊采食后能正常反刍。其次是正确使用青贮、氨化、生化技术等作物秸秆进行处理。尤其要重视氨化和生化饲料的应用。

近年来养羊实践证明,秸秆生化饲料育肥肉羊效果明显。尿素氨化秸秆方法简单,1 千克尿素、10 千克水混合即可喷洒 25 千克秸秆。

2. 种植优质牧草

舍饲养羊要配套牧草种植,重点要种植红、白三叶、紫花苜蓿、多花黑麦草、光叶紫花苕等牧草。冬春利用光叶紫花苕、黑麦草,夏秋利用红、白三叶、紫花苜蓿,保证常年有青饲料供应。

牛、羊饲喂氨化饲料应注意事项

（1）要注意防中毒，氨化秸秆中毒，表现为腹泻、昏迷，甚至死亡。饲喂前按饲喂量（1头牛，一天喂4~6千克，1只羊一天喂1千克）从氨化池中取出，放在阴凉处摊开放氨1~2天，让挥发性余氨跑掉，即没有刺鼻眼的氨味才能饲喂。每次取料后，还要用原覆盖物封好氨化池。

（2）开始少喂，以后逐渐增加，使家畜有个适应过程，否则会引起消化障碍。同时要注意日粮的配合，经氨化的秸秆因粗纤维变软而消化率提高，因适口性改善而使牛羊采食量增加，其中的氮素为瘤胃中的微生物利用，合成菌体蛋白质，在肠道中为牛羊所利用，而代替一部分蛋白质饲料。瘤胃中微生物在利用氮素合成菌体蛋白质时，需要一定量的蛋白质、糖及其他营养素，秸秆本身粗纤维含量高，营养价值低，经氨化所含的营养物质未增加，一些维生素还下降。所以，氨化秸秆不是全价饲料，日粮组合中应有青绿饲料，以补充维生素，适量的骨粉，以补充矿物质，适当的豆饼和粮作物，以补充蛋白质和能量，才能满足牛、羊营养需要而长得好，越冬时不掉膘，育肥周期短。

（3）哺乳牛犊和羔羊不宜喂氨化饲料。犊牛和羔羊的消化机能弱而不完善，瘤胃中的微生物区尚未形成，不能利用氨化饲料中的氮素。给牛犊和羔羊喂氨化饲料会引起消化系统疾病，还容易引起中毒。

3. 精料配合

根据当地饲料资源和羊不同品种、不同生长发育阶段合理调配精料。饲料内氮硫比要达到7~8:1，钙磷比例要达到1~2:1。若饲喂尿素饲料时，必须补充元素硫，否则会造成内氮硫比例不当，达不到育肥的目的。玉米株高叶茂，成熟早，叶片硫氨酸含量高，禾本科牧草在幼嫩时仍是很好的蛋白质饲料。圈舍养羊精料配比参考配方：玉米51%、麦麸10%、豆饼21%、苜蓿粉10%、骨粉3%、食盐2%、磷酸氢钙3%。

4.全价颗粒饲料

使用全价颗粒饲料喂羊将是今后农区舍饲养羊的发展方向。全价颗粒饲料能提高采食量,并具有饲喂操作简便、减少草料浪费、充分利用多种饲料资源的优点。制作全价颗粒饲料可参考配方:玉米 23.5%、小麦 10%、菜籽饼 10%、棉饼 7.5%、玉米蛋白粉 1.5%、青干草粉 26.29%、玉米秆粉 19.7%、磷酸氢钙 0.1%、石粉 0.6%、食盐 0.5%、微量元素预混料 0.3%。

七、羊的饲料添加剂

饲料添加剂的主要作用是完善日粮的营养,利用它们来补充植物性饲料中不足的维生素、矿物质,从而提高饲料的利用效率。羊的饲料添加剂主要为营养物质添加剂,包括维生素、微量元素和其他矿物质。矿物质和维生素在饲草饲料中的含量很小,但作用很重要,是保证家畜健康、繁殖和生产所不可缺少的营养物质,缺乏它们会引起新陈代谢紊乱,使肉羊生产性能下降,生长发育受阻,最后表现出一些特有的疾病症状。因此,饲料添加剂的使用在发展高效肉羊业中,是一项重要的技术措施。

饲料添加剂的剂型主要分为两类,一类是粉剂,如含有微量元素和维生素的康地复合预混料 6721 号预混料,适合羔羊使用,6713 号预混料适合育肥、泌乳羊使用。一类是用食盐、微量元素和其他矿物质压制成的舔砖或用尿素、干草粉、食盐、矿物质等压制成的营养性舔砖。粉剂型的按一定比例与饲料拌合后饲喂,舔砖可放在羊舍或运动场任羊自由采食。

八、羊的特殊饲料

尿素是羊的特殊饲料,在羊的瘤胃中含有大量的微生物,这些微生物蛋白的绝大部分都是从氨合成的,在多数情况下,动物的组织蛋白可以由瘤胃微生物蛋白质的消化过程来提供,对山羊除直接补给含蛋白质高的饲料外,还可在日粮中加入尿素,尿素含氮,可为瘤胃微生物合成蛋白质,然后再为山羊吸收利用,这对山羊生存和生长对蛋白质的特殊需要有着非常重要的作用。1克尿素相当于2.6~2.9克的饲料粗蛋白质,利用0.5千克尿素,可以代替3.0~3.5千克豆饼。为了解决山羊蛋白质饲料来源不足,开辟饲料新来源,降低养羊业中的饲料成本,增加经济效益,在羊的日粮中用尿素代替部分蛋白质饲料,补饲效果显著。利用尿素喂羊,只要喂量适宜,不会影响繁殖性能和生长发育,也不会影响乳、肉、毛的产量和品质。经过试验,喂尿素的羊,成活率提高14.3%,增重提高9.6%,产奶量也有增加,成本比豆饼低。但是,微生物利用尿素的能力是有限的,因此用尿素喂羊的数量也应当是有限的,过量会发生中毒。

使用的方法是在混合饲料中加入尿素1%~2%,制作青贮饲料时可加入尿素0.5%,制作氨化饲料时可加入尿素0.5%~0.7%。使用尿素要注意的问题是:严格控制喂量。每日每只成年羊喂尿素10克,育成羊按体重减少,正常尿素喂量为羊体重的0.02%~0.05%,即每10千克体重喂尿素2~5克;喂时,将尿素溶解在水里,然后搅拌在精料中,放在食槽里,分上、下午两次喂饲,随拌随喂;切忌单独喂尿素,也不能放在水里直接饮用;饲喂前必须饮水,在喂尿素时必须有人看羊,以免强羊多吃,弱羊吃不着,喂完后不能马上饮水,须间隔半小时以后才能饮水;有病的羊和羔羊不能喂尿素;尿素不能与大豆、豆饼、苕子和苜蓿等一起饲喂,因这些饲料中含有脲酶,脲酶对尿素分解很快,一起饲喂容易引起中毒。如豆饼经过高温处理,脲酶已被破坏,可以同时喂;要连续喂用尿素,效果才好。万一饲喂过量引起中毒,表现精神不振或呼吸困难,要立即静脉注射100~1000毫升葡萄糖溶液或灌服食醋500~1000毫升。

山羊的饲养管理

一、山羊的生活习性和消化特点

1. 山羊的生活习性

（1）机灵、勇敢、合群性强

山羊比较灵敏，属于活泼类型，它行动敏捷、顽强，善于登高，喜欢接受人的抚爱，易于领会人的意图，所以群众说："精山羊，疲绵羊"。山羊对外界条件反应敏感，害怕打骂和突然袭击。

山羊恋群性很强，群养的山羊一旦离群就叫个不停，当过桥或出入门栏时，只要头羊过去，其他羊都会跟随通过。山羊的这一特性，为管理和放牧提供了便利条件，一人能放牧百只或几百只羊，就是利用了这一特点的缘故。

（2）爱清洁，怕潮湿

山羊爱吃清洁、新鲜、有清香味道的树叶、嫩枝和各种青草，愿喝干净、流动的水，喜欢干燥、向阳、通风的羊舍，愿意在高爽的地方站立或休息。山羊的嗅觉发达，对食物先闻后吃，凡气味不正常或落在地上经过践踏的草料，就是饿着肚子也不肯吃，也不喜欢吃有哈气、有土味、被嘴喷软的草。山羊宁愿忍渴，也不会饮用污浊的水。圈舍潮湿不仅影响山羊的生长发育，也容易引起多种疾病。

（3）食性杂，利用饲料广泛

农谚"羊吃百样草"就说明山羊对饲料利用的广泛性。山羊喜欢吃的饲料非常广泛，远比牛、马采食广泛。由于它嘴尖、牙利、唇

长,所以比绵羊更能利用各种青粗饲料,而且能吃短草,灌木的茎
枝嫩芽,即使质地较硬一些的树叶也一样爱吃,甚至会啃食树皮。
故在灌木林和杂草种类繁多的丘沟壑区是放牧山羊最理想的地
带,只见它不停采食,直到吃饱。因此,放牧时应特别注意保护幼
树。在夏初时节山羊贪青,常误食毒草,放牧地要事先做好调查,
不要到毒草地中放牧,以免中毒。

（4）繁殖率高,抗病力强

山羊具有多胎性,而且性成熟早,在条件较好的地区,可以一
年二胎或两年三胎,每胎能产 1~3 羔,多的可达 4~5 羔。正由于山
羊具有繁殖率高的特性,所以对加速养羊业的发展极为有利。

山羊比绵羊抗病力强,甚至在潮湿和多寄生虫的地方也能生
存。也正因为抗病力强,往往在发病初期不易被发现,一旦看出病
状,病情已较严重,难以治疗。因此,饲养放牧人员必须时刻细致
地观察羊群,有病及早发现,及时采取治疗措施。

2. 山羊的消化特点

（1）山羊消化器官的构造

山羊是反刍家畜,消化器官与其他单胃家畜相比,除了羊的
上颌没有切齿以外,还有一个复式胃,即由瘤胃、网胃、瓣胃、皱胃
联合组成。只有皱胃（第四胃）与单胃动物相同,能分泌胃液,执行
胃的消化机能;瘤胃和网胃（亦即第一胃和第二胃）常合称为反刍
胃,却主要靠胃内微生物的作用,进行消化代谢。而瓣胃（亦即第
三胃）像一部过滤装置,在其多层的叶片之间,将饲料较大的部分
留住,加以揉搓、磨细,然后将细碎的部分送入皱胃;将粗大的部
分再送还网胃。并能在此瓣胃中将糊状的饲料,经压缩、吸收其一
部分水分,使进入皱胃饲料糊水分减少,更容易接收胃内消化
液的作用。随着年龄的增长和采食草料以后,胃室的比例发生变
化。羊成年后,瘤胃容积增大,约占胃总容量的 80%,瘤胃位于腹
腔左侧,与食道和网胃相接。正常瘤胃每分钟蠕动 2~5 次,每次蠕

54

动的持续时间约 15~20 秒。当感觉不到和听不到瘤胃蠕动时表明机体不正常,应注意观察。

(2)反刍家畜的消化特点

①反　刍

反刍是牛羊消化的一个重要过程。牛羊采食时,一般不充分咀嚼,就匆匆将草料吞咽下去。草料先在瘤胃内被水分和唾液浸润软化,经过一段时间后,再把吞咽入胃的草料送回到口腔内,再细细咀嚼一遍,然后又咽入胃里,这个过程叫做反刍,有的地方叫"倒沫"或"倒嚼"。反刍通常是在安静和休息时进行。因此,在管理上,应给羊适当的休息时间,以保证反刍作用的正常进行。如山羊不出现反刍运动时,则是一种病态表现,应及时给予诊疗。

②嗳　气

嗳气是山羊的正常生理现象。瘤胃内的食物在微生物的发酵分解作用下,一方面形成低级脂肪酸,供羊吸收利用,同时产生大量气体(氨、二氧化碳以及少量氢、氮等)。这些气体要经口腔排除,因此,山羊常常要嗳气,每小时嗳气 17~20 次。如果采食过多的豆科牧草及霉烂饲料、豆饼等,使瘤胃内容物出现异常发酵,产生的大量气体来不及排除,会使瘤胃消化生理发生障碍,甚至引起瘤胃的急性膨胀。

3. 羊对粗饲料的消化能力

羊是复胃家畜,具有很大的胃。为了让羊吃饱,饲喂的草料必须有一定容积,因而可喂青绿多汁饲料。并且由于瘤胃中微生物的作用,羊不但能很好地采食粗饲料,而且能充分消化利用粗饲料。羊对粗饲料的消化能力比猪要高得多。饲料中的木质素,羊可消化 3%~6%,猪不能利用。粗纤维羊可消化 50%~90%,猪只能消化 3%~25%左右。在饲草质量较好的条件下,普通绵山羊可以不补料。如果精料喂量过多,反而会引起消化不良。

二、山羊的一般饲养管理方法

根据外地饲养山羊经验,养好山羊在日常饲养管理方面应抓好以下几点:

1. 注意饲料清洁

不喂带泥草、露水草、雨淋草。对带有泥、灰尘的草,要洗净晾干,去掉草中异物,定时给草,尽其饱食。成年羊每天每只给予鲜草 4~6 千克,冬天给予干草 1~1.25 千克,在饲料中增添少许精料,有的用草架投草,任羊拣食,可避免羊脚践踏,减少损失。

2. 饮水要清洁,冬天喂给温水

水中经常放入食盐少许,增加羊的食欲。成年羊每天给水 1.5~3 千克,夏天棚内放有水盆,任羊自饮。羊喜欢喝流水,有条件的地方,最好让羊喝清洁的流水。

3. 经常保持羊舍清洁、温暖

做到冬暖夏凉,注意通风保暖,保持凉爽。冬天为了保持温度,可少撒换垫草。

4. 增加运动

经常篦刷皮毛,促进羊体健康。逢晴朗天气,放羊出圈,在场上活动,晒晒太阳。并注意修削蹄壳,使羊行动方便。

总的说来,在饲养管理上,要让山羊吃饱喝足,定时给予草料,水要备足。公母分开,大小分开。羊舍要保持清洁干燥,环境安静,寒暖适宜,经常给予日照和运动,这些都是养好山羊的关键技术。

三、种公羊的饲养管理

1. 种公羊日粮特点

优良的禾本科和豆科混合干草,应为种公羊的主要饲料,一年四季应该尽量喂给。即使是长年靠放牧饲养的种公羊,也应尽量采取补饲干草的办法。有条件的饲养户应制作青贮料,为种公羊以及其他羊只冬季补饲作好饲料准备。精料中不可多用玉米或大麦,用麸皮、豌豆、大豆或饼渣类补充蛋白质。青绿饲料缺乏时,用大麦发芽供给维生素。配种任务特别繁重的优秀公羊,可以配给动物性饲料。

在羔羊和青年羊培育期间,公羊的增重比母羊快,对营养要求亦较母羊高。自幼到老,不宜给体积过大或水分过多的饲料,特别是在幼年时期,如全部用秸秆或大量的多汁饲料培育,不仅增重慢,成年时体形小,而且会把公羊养成"大肚子",不宜用做种羊。四季饲养种公羊,亦有周期的规律性,即每年入夏之后,公羊性欲渐弱,食欲随之逐渐恢复旺盛,须趁此时机加强公羊的饲养工作,直到来年入春前,宜将公羊的体况培养至十分丰满,看起来颈部粗壮,全身以不见突出的关节棱角,被毛细顺有光泽。只见一身结实的草膘(与臃肿的料膘不同),体态雄伟可爱。"好牛好马一身膘",羊也如此,但是仍忌肥胖。入春以后,虽气候逐渐温暖,但此时已进入春配季节,食欲渐不如前,如这时体况尚未培育起来,则难以承担春季繁重的配种任务。因为配种开始之后,由于性欲冲动强烈,影响食欲,甚至不思饮食,正如高产时期的泌乳母羊一样,营养上是入不敷出的。如此经过一个配种季节,全身的膘情消损将尽,又须待夏秋季节才能再度恢复起来。由此可知,公羊的饲养必须熟悉这一季节规律,方能顺利完成配种任务,并使公羊健康,达到经久使用的目的。

2. 非配种期种公羊的饲养管理

应以放牧为主,结合补饲,每天每只喂精料 0.4~0.6 千克。冬季补饲优质干草 1.5~2.0 千克,青贮料和多汁料 1.5~2.0 千克,分早晚两次喂给,每天饮水不少于两次。加强放牧活动,每天游走不少于 10 千米。羊舍的光线要充足,通风良好,保持干燥。

3. 配种期公羊的饲养管理

配种前 45 天开始转为配种期的饲养管理。此期根据种公羊的配种次数确定补饲量。一般每只每天补饲混合精料 1~1.5 千克，骨粉 10 克，食盐 15~20 克，每天分 3 次喂给，干草任其自由采食。抓好配种前的饲养。因为公羊在开始配种后很不安定，草料吃得少，相反地消耗营养却很大，这时才加强营养就晚了。提前加强饲养的好处就在于可以使公羊有一个很好的体况参加配种。在配种季节，每天应加喂 0.5~1 千克胡萝卜。每天配种 3~4 次的优秀种公羊，每天加喂鸡蛋 2~3 个或牛奶 1~2 千克和骨粉、食盐各 10 克。

加强运动对提高精子活力有很大作用，配种期种公羊应保持足够的运动量，炎热天气要充分利用早晚时间运动，采取快步驱赶和自由活动相结合的方法，每天运动 2 小时，行程 4 千米左右。气温高时对精子有一定破坏作用，天热时应给公羊创造凉爽的环境条件。掌握适当的配种次数，2~7 岁公羊，每天上午配 2~3 只母羊，下午还能配 1~2 只；1.5~2 岁和 7 岁以上公羊，上午配 1~2 只母羊，下午只能配 1 只母羊，配种间隔时间应在 2 小时以上。种公羊在配种期间应单圈饲养，以防发生角斗，造成伤亡。

四、种母羊的饲养管理

种母羊是羊群发展的基础，饲养的好坏，直接关系到羊群数量的发展和质量的提高。因此，搞好种母羊的饲养管理非常重要。

1. 种母羊配种前期

应保持体质强壮，发育正常和易于配种受孕。在饲养上应注意选好草场，延长放牧时间，能吃到大量优质青绿饲料，尤其是豆科牧草，从而得到较丰富的蛋白质营养，促进卵巢机能活动加强，发情旺盛、整齐，滤泡成熟的数目增加，并使产羔集中，品质好，多产双羔。母羊体况不好,影响受胎率、羔羊成活率和增重。有的地方配种受胎率低是母羊膘力不好,排卵不正常,所以不易受胎。

对干瘦弱母羊要增加精料,促使性周期正常,既发情又排卵。过于肥胖的母羊,可适当减少精料,增加运动量。母羊过胖、过瘦都会降低生殖能力。通过正确饲养,力争母羊满配满怀。在母羊发情前,要做完驱虫工作,使用时药量要用足,怀孕期间不再驱虫。

2. 怀孕母羊

饲料中营养物质要全面,并要补给蛋白质、维生素丰富的饲草。食盐是草食家畜不可缺少的矿物质,因此要适当地补喂食盐。母羊怀孕前半期(两个月内),胎儿体重只有出生时体重的10%,这时营养的数量要求不多,只要稍微增加一些少而精的维持饲料,就不会影响胎儿的发育,但对饲料的质量要求较高,一定要保持营养全面。这时,如果喂给发霉或有害的饲料,胚胎极容易中毒死亡;如果喂给母羊饲料营养不全,缺乏矿物质、维生素等,也能引起部分胚胎中途停止发育,所以要特别注意饲料质量。

怀孕后半期(三个月)至分娩,特别是后三分之一时期,营养的好坏对胎儿的生长发育、母羊产后的健康和产奶量都有很大的影响。这时母羊对营养的要求不仅数量多,而且营养要全面,怀孕母羊的饲料必须富含蛋白质、维生素和矿物质。对饲料的要求是体积不能过大,易消化,不喂凝冻和生了霉容易引起腹泻和中毒的饲料。"母大儿肥",强壮的胚胎有赖于强壮的母体。俗话说:"先天不足,后天难服",弱羔往往与先天发育不良有关,这充分说明了养好怀孕母羊的重要性。

当草最好的时候,收割晒制成青干草贮藏起来就是羊的干粮,青贮饲料就是羊的青草罐头,草是基础,草好羊好。生产上要贮备一定量的青干草、青贮饲料和精料作为羊冬春季节的补充饲料,使羊掉膘不严重,从而使羊产后也有充足的奶水哺乳羔羊。

管理上,要注意怀孕母羊的保胎工作,放牧时不能走远路,不要急赶和打鞭,不要吃有露水的草。圈舍不能拥挤,以防止流产和早产,同时每天需作适当运动。在有条件的地方,最好将重胎母羊从羊群中分出来,另组一群,以保证胎儿的正常发育和安全分娩。

应当适时给母羊增补精料

怀孕母羊

怀孕后 2 个月开始增加精料给量。怀孕后期每天每只补干草 1~1.5 千克,精料 0.5 千克,每天饮水 2~3 次。

哺乳前期

每天每只补精料 0.5 千克,产双羔的补 0.7 千克,哺乳中期精料减至 0.3~0.4 千克,日给干草 3~3.5 千克,每天饮水 2~3 次。

五、羔羊的培育

1. 胎生期的培育

在此阶段,胎儿是通过母体得到营养,因此对于已经受孕的母羊,应时刻不要忘记其腹中胎儿对于营养物质的需要,以及饲养管理条件对于胎儿的影响。

羊在胎生期间生长发育规律性,一如其他家畜,即前期缓慢,后期迅速。所谓前期,是指怀孕期的前 3 个月,在此期间胎儿着重发育心、肺、肝、胃等重要内脏器官,对于营养物质的需要,其主要矛盾是营养物质是否完全,又因母羊是在产奶后期,母子之间对于营养物质争夺的矛盾并不太大,因此喂给母羊的日粮,特别需要注意全价性。忌用大量的酸性饲料。所谓怀孕后期,是指受孕满三个月以后而言。在此时期,胎儿的骨骼、肌肉、皮肤以及血液生长发育越来越快,因此越接近分娩,需要的营养物质越多,应该供给母羊大量的蛋白质、矿物质和维生素,因此对于母羊的日粮除注意其品质之外更需要重视其数量。

优质干草和青贮料,是保证怀孕母羊日粮全价性的重要条件。大量的精料或大量的酒糟喂怀孕后期的母羊都是对胎儿不利的。

要得到健康结实的羔羊,胎儿时期必须供给充分的胡萝卜素、维生素 D 和钙。缺钙的羔羊不仅骨骼体型发育不良,且生后容易发生肠胃病。因此怀孕母羊必须坚持适当运动,经常晒太阳以便在体内形成维生素 D,有利于胎儿骨骼的生长发育。反之怀孕母羊如不运动,不晒太阳,即使营养十分丰富,生产出来的羔羊虽然很胖,很大,但体质衰弱,精神不振,容易生病。

2. 初生期的护理和哺乳

初生期,是指羔羊在产后的 10 天以内。这一时期,是胎生转至独立生活的一个过渡阶段。由于外界环境突然变化,羔羊的适应能力差,抵抗力弱,神经反应迟钝,皮肤的保护机能不完善;特别是消化道的黏膜,容易受病菌侵袭发生消化道的疾病。因此这一阶段的哺乳和护理工作非常艰巨重要。

羔羊初生时对低温环境特别敏感,根据中医"百病从寒起"的理论,注意保暖防寒。产房应当向阳、避风、干燥和空气新鲜,产房事先要消毒,地上铺垫褥草。羔羊出生后应立即用温开水洗净嘴巴周围黏膜和母羊的奶头,擦干后挤出几滴乳汁,让羔羊在 30 分钟内吃到初乳。在一般情况下,羔羊出生后很快能自行站立起来,寻找母羊吃奶,对个别体弱的羔羊,应人工辅助吃奶。羔羊生后约 4~6 小时排泄胎粪,胎粪容易粘住尾巴和肛门,引起便闭,要及时清除。

生后要让羔羊多吃奶,只要羔羊能吃下去,食欲旺盛,又不拉稀,就让它尽量多吃,同时防止着凉。如果发现羔羊被毛蓬松,肚子很瘪,经常无精打采,就是没有吃足奶的表现。羔羊出生后两周就可以补饲优质牧草和容易消化的饲料,如麸皮、玉米面和少量豆饼。早期补饲,促进瘤胃发育,减轻母羊负担,对母羊体况恢复至关重要。如果补饲跟不上,养成僵羊将影响终生发育。羔羊生后15 天开始补料,精料投入小槽内,任羔羊自由采食。20 天补草,及时调教吃草,并开始活动。30 天以后放牧时间逐步增加。遇霜天要晚出早归,防止羔羊吃霜,肚寒引起拉稀。1 月龄羔羊补饲时,赶入专用补饲栏内任其自由采食。每日每只羔羊加喂骨粉 5~10 克,食盐 3 克。精料喂量由少到多,每日每只由 10~20 克逐渐增加到 200克。每天喂料 3 次,早晚各 1 次。提早补草补料,增加户外运动,可以促进羔羊健壮发育。整个哺乳期还要供给充足的饮水,即在运动场内放置水槽,保持足量的清水,任其自由饮用。

初生期的重要食物是初乳,出生 5 天后再逐渐向常乳过渡。

哺喂初乳的要求是:尽量早喂,尽可能多喂一些。因为越早初乳越浓,颜色越黄,亦即营养越丰富,维生素的含量越多,羔羊增重越快,体质越强,越能为以后的生长发育打下更好的基础。

3. 常乳期

生后 6~60 天为常乳期,奶是羔羊主要食物,必须喂足够的全奶。肉山羊羔羊采取自由哺乳的方式,让其多吃奶。有个别地方认为这个时候羔羊小可以少喂奶,以后随羔羊渐大,奶量再大量增加上去,这是完全不对的。另外还有些地方一味追求羔羊高标准增重,强调这个时期喂大量的全奶,以致于使羔羊不能较早采食草和精料,影响羔羊胃肠机能和生长发育。结果会育成一种采食量小、青粗饲料利用性不好、体型短粗、毛光肉厚的羔羊。因此,需要根据品种的体质、体型和断奶时期的体重指标(石林种羊场断奶时期的体重指标:母羔 18~20 千克;公羔 20~22 千克),结合饲料条件,慎重选用一种适当的哺乳期培育方案,这是完全必要的。

常乳期内要开始训练羔羊吃料吃草。从 10 日龄开始,将幼嫩青草捆成把吊在羊舍四周,让其自由采食。20 天开始教吃料,把炒香的精饲料粉碎后,拌入少量食盐、骨粉,放进食槽,让其舔食。1个月以后,每天就要喂给混合饲料(混合饲料配方见表 3)。

初乳的特点和作用

初乳是母羊分娩后 4~5 天内分泌的乳汁,俗称胶奶、黄奶。初产羊比经产羊的初乳期长。初乳浓稠、色黄、营养物质丰富,微有咸味。产后第一次挤出的初乳,干物质含量可以高达26.69%,经过 5~6 天之后,逐渐降低为 13%~14%,终至变为常乳,初乳中的蛋白质含量高达 13.13%,是常乳中的 4 倍。球蛋白和白蛋白的含量为 6%,相当常乳的 6 倍。球蛋白是构成抗体的有效成分,在常乳中含量甚微。乳脂肪的含量接近 9.4%,亦为常乳的 2 倍多。内含大量的维生素 A 和维生素 D,相当于常乳的 10~100 倍,矿物质比常乳多 1 倍。仅乳糖含量较少,只有2.96%,仅为常乳的 60%。另外还含有不少的白蛋球。

母畜的免疫体,传递给不同动物幼儿的途径不同,但如牛羊等反刍兽,其母畜免疫体传递给幼畜全靠初乳。足见初乳与羔羊抗病能力的密切关系。

初生羔羊,胃肠空虚,第四胃及肠壁上几乎没有黏膜,对细菌的抵抗力特弱。黏稠的初乳可附着在胃肠壁上,阻止细菌入侵血液。

实践证明,如不喂羔羊初乳,细菌在胃肠内繁殖迅速,容易发生疾病。初乳是酸性反应,在胃内可抑制有害细菌的繁殖。初乳渐向常乳的变化,其酸度亦迅速下降。如酸度已降至 10~20T度,可引起羔羊肠胃病。

初乳还有轻泄作用,有利于胎粪排出,清理肠道。

从上述可知初乳不仅营养丰富,容易消化吸收,且有确切的免疫抗病效力。初生羔羊必须充分哺乳,应视为可以促进健康,使体重增加迅速,从胎生时期的血液营养过渡到哺育常乳之间的不可缺少的重要食物。

日粮中必须注意,以优质绿色嫩干草,或少量的胡萝卜补充维生素 A 和 D,以去皮的大麦粉、燕麦粉或黄玉米粉,补充其能量。

补喂混合饲料,应根据草的品质和喂量的不同而异。如果有

表3　　　　　　　　　羔羊配合饲料配方（％）

配方	玉米	豆饼	大麦	麸皮	豆科草粉	菜子饼	糖蜜	食盐	鱼粉	贝壳粉	微量元素添加剂
1	50	30	12	1.5	1		2	0.5		2.7	0.3
2	55	32		2	3		5	10.0		1.7	0.3
3	48	30	10	4	1.6		3	0.5		2.4	0.3
4	45	15		17	10	6		1	3	2	1

羔羊优质混合饲料的品质要求

（1）精料中的粗蛋白质含量应不低于20％，并注意蛋白质的品质。最好能有鱼粉、肉渣、血粉等动物性饲料。否则可以大豆饼与几种优质油渣混合使用。如芝麻油渣、向日葵油渣等。

（2）混合饲料的粗纤维含量不超过6％。

（3）欲保证维生素A和D的供应，要求嫩干草的品质更好。

（4）补给钙、磷。

（5）为使羔羊能更好地利用淀粉，可在混合饲料中加少量麦芽，以促进淀粉糖化。

良好的豆科牧草或干草和嫩禾本科牧草，则混合精料仅喂各类籽实便可。如大麦、玉米及少量麦麸等。以后随哺乳量减少，混合饲料中逐渐加入炒熟的豌豆、蚕豆或豆饼、油渣等。如计划中的哺乳量得不到满足，或准备早期（生后60天）断奶。此阶段不主张过早过多的换喂含水分多的青草或块根块茎类饲料，如青、精饲料喂量充足，满两个月，即可见腹部从腰角突出，显出雌性的形象，影响羔羊培育。

4. 生后61~90天

此阶段为饲料由奶向草过渡的时期。从出生后两个月开始，进入奶与草并重的时期，宜继续注意日粮的能量、全价性和蛋白

64

羔羊加喂干草的重要性

如羔羊喂奶量太多,迟迟喂不进去固形饲料,不仅消化器官生长发育受到阻碍,消化腺的分泌机能也要受影响。因此在生后两周就要诱导它吃干草。干草的品质愈好,愈容易较早喂下去,早吃下去干草,能促进羔羊提早反刍,使瘤胃的生理机能尽早得到锻炼。咀嚼干草能增加唾液的分泌,从而也促进了唾腺及咀嚼肌肉的发达,喂干草还可以补充铜、铁。羔羊在胎生期由母体得到的铁质,生后维持时间很短,奶中缺乏铜铁,如果不从饲料中及早补充,容易患贫血病。

质营养水平,以促进其胸部及体轴骨的生长发育。如果体重已达到或超过了要求标准,可酌情用干草替换精料。后期吃奶量减少,以优质干草、青草和精料为主,全奶只作为蛋白质补充料。

5. 生后满 90~120 天

此期为断奶期,应以草料为主,奶汁退居补充饲料地位,用以保证日粮中的蛋白质的品质和数量。如干草的品质好,并混有饼渣类的精料补充,则哺乳羔羊提早到 90 日龄断奶,是完全不影响生长发育的,但是如果没有条件配合代乳粉一类的饲料,过早断奶会影响羔羊正常生长,羔羊一般要 120 日龄才可以断奶。

培育好小羊很重要,再好的种子不好好培育也长不好。初生羔羊的管理概括为:吃足初乳,吃好常乳,厚垫褥草,干燥卫生,空气新鲜,疾病就少。

产多羔的羔羊或母羊奶水不足的羊,在初乳期以后,可以用部分人工乳补充其不足。人工乳可按以下配方调制:脱脂奶粉 68%,动物油 18%,鱼粉 6%,大豆粕 4%,糖蜜 4%,维生素 A 4000 国际单位/千克,维生素 D 1000 国际单位/千克,维生素 E 250 国际单位/千克,新霉素 70 毫克/千克。

云南省石林县羊状元赵文聪的羔羊管理经验

羔羊产后 15 天开始人工补饲,其方法是将包谷磨碎后,用每天煮乳饼制作后的剩余奶汤和磨碎的包谷面搅拌成稀泥状,然后用手把羔羊的嘴掰开后塞喂,每只羔羊每次补饲 100 克(1 公两)左右。放牧前又将羔羊放入母羊群吸上 15~20 分钟奶后,才隔回羔羊。同时训练羔羊早吃草,每天在羔羊舍内拴一些嫩草、树叶,让羔羊自由采食,到 45 天后,羔羊随母羊上山,这样管理既不影响羔羊培育,又有利于母羊尽快恢复膘情。

六、青年羊的培育

羔羊一般在 4 月龄断奶,断奶方法采取一次性断奶法,就是一次性把母羊赶走,羔羊留在原来的羊舍,加强饲养管理。断奶过程中,每天检查母羊乳房一次,发现乳房肿胀,奶汁多时,要把奶挤掉,断奶后把母羊赶到距羔羊较远的羊群中放牧。羔羊选择距棚舍较近,草质较好的草场放牧。

青年羊是断奶后到 18 月龄的羊。断奶之后的羊,全身各系统和各种组织都继续在旺盛的生长发育。体重、躯干的宽度、深度与长度均在迅速增长,此时日粮配合失当,营养赶不上要求,便会显著地影响生长发育,形成体重小、四肢高、胸狭、躯干浅的体型。并严重影响到体长、采食量和将来的泌乳能力。

云南省养羊主要是以放牧为主,但生后 4 到 8 个月间注意精料的喂量,青年羊每日每只补料 0.2~0.3 千克,种用羊补饲 0.5 千克,其中可消化粗蛋白质的含量不可低于 16%。日粮中营养不足之数,均应从继续不断增加干草和青草、青贮饲料补充之。也就是说在这阶段,主要靠放牧饲养,应该放好放饱。放牧中要勤拢群,稳放牧,坚持早出晚归,增加放牧时间,中午充分休息。夏季防暑防潮湿,秋季抓好秋膘,冬春季节抓好放牧与补饲。

在青年羊培育阶段,忌体态臃肿,肌肉肥厚,体格短粗;要求增重快,体格大。饱满穹隆的胸腔是充足的营养和充分的运动锻炼结合起来育成的。满一岁之后,如青粗饲料质量高,喂量大,可以少给精料,甚至不给精料。实践经验证明,这样喂出的羊,腹大而深,采食量大,消化力强,体质结实,泌乳量高。

七、波尔杂交羊的饲养管理

波尔羊的杂交利用在江苏、陕西、四川、云南等省已大面积推广,随着波尔羊杂交利用的全面开展,杂交羊的数量将会越来越多,今后将作为主要的商品肉山羊。如何养好杂交羊,江苏省戴书林的经验和体会是,在波尔杂交羊的饲养管理上要注意以下几点:

1.饲料营养要适当提高

由于杂交羊生长发育较快,特别是在出生后的 6~9 个月,体重可以比本地羊增加一倍,对营养的需求也相对较多,要在本地羊日粮基础上进行适当补饲。一般春季出生的杂交羊,在饲草资源较好的地方,除断奶前后和上市前育肥需要适当补饲外,其他时间可以不补饲。而秋冬出生的杂交羊一般都要补饲,否则,影响前期的生长发育,杂交效果将不明显。一般按杂交羊体重的 0.5%~1%补饲混合精料。具体每一种精料补饲多少,在放牧条件下要考虑放牧时间长短,牧地草种类型及营养含量而定。

2.加强管理

除搞好一般的日常管理外,要及时去势,定期驱虫,经去势的羊性情温顺便于管理,容易育肥,并且可减少膻味,提高羊肉品质。羔羊去势一般在出生后 2 个月左右。杂交羊的驱虫工作很重要,一般春秋两季各体内外驱虫 1 次,每隔 2 个月驱绦虫一次。

3.短期育肥

为提高生长速度和羊肉品质,杂交羊在出栏前一个月,可进行短期育肥。在正常放牧条件下,6月龄左右的杂交羊每天补饲玉米150克、麸皮100克、豆粕50克、骨粉3克,经过一个月左右育肥,可增重6~8千克。

4.羔羊当年上市

推广羔羊当年上市,对于减轻冬春饲草需求,避免"冬瘦、春死",提高商品率,具有重要意义。波尔羊的杂交利用为羔羊当年上市提供了更有利的条件,杂交羊的前期生长速度特别快,一般6~9月龄体重可达25~30千克。即使是秋季出生的杂交羊,只要加强营养,合理补饲,4月龄左右也可长到20千克左右。另外,合理安排配种时间,也是保证羔羊当年上市的一条措施。

5.使用添加剂

山羊常用的添加剂有矿物添加剂、稀土饲料添加剂和驱虫保健添加剂等。据报道,断奶后育肥羊日粮中添加0.22%的稀土,在60天试验期内,日增重提高17.1%,饲料转化率提高14.29%。瘤胃素可通过改变瘤胃内的代谢过程和微生物活动,促进丙酸发酵,提高饲料转化率。瘤胃素以饲料添加剂的形式拌入饲料喂给,一般每千克日粮添加25~30毫克,但要注意充分搅拌均匀。

八、奶山羊的饲养管理

(一)发展奶山羊的好处

发展养羊业,特别是产业化开发奶山羊,是调整农业结构,增加农民收入的重要举措。养奶山羊是既能发挥贫困地区资源优势,又能大量安排贫困户劳动力就业的资源开发型和劳动密集型项目,实践证明,饲养奶山羊能使农户生"金"产"银",脱贫致富奔小康。云南省石林、陆良等县不少地方,饲养奶山羊已形成农户增收中一道亮丽的风景。陆良县大莫古镇饲养奶山羊近4万只,全镇仅奶山羊一项年收入2千多万元,占农业总收入的32.5%。石林县路美邑乡有许多农户饲养奶山羊30~50只的年收入都在万元以上,是当地农户收入的重要来源。

大力发展奶山羊,关系到民族的优生。羊奶是我国仅次于牛奶的第二大奶源,羊奶营养丰富,所含氨基酸、维生素、矿物质比较齐全,脂肪球小,分布均匀,易于溶解和吸收,消化率达94%~98%,是婴幼儿、老人和病人理想的保健食品,有"人类保姆"、"完全食品"的美称。奶的饲料转化率最高因而是最经济的畜产品,用1千克精饲料喂奶羊,获得的蛋白质比养猪高两倍,比养鸡高一倍,故羊奶是人类最好的蛋白质,又是取之易得最廉价的蛋白质。山羊奶用途广泛,既可鲜食,又可作为乳品工业的原料,加工奶粉、酸奶、乳饼、奶酪等。

奶山羊食性杂,能将猪、禽等单胃动物不能直接利用的青粗饲料转化为动物蛋白。农区大量的农作物秸秆经过青贮和氨化,都是奶山羊的好饲料,不仅节粮,而且过腹还田或以羊粪制沼气、肥田,多层次利用,促进良性循环,持续发展。奶山羊生产还具有双重功能,母羊挤奶,公羔育肥,既产奶又产肉,云南省自然条件优越,很适宜发展奶山羊。

(二)科学饲养奶山羊

科学饲养奶山羊,投资小,成本低、产奶多、经济效益高,具体做法是:

1.大搞饲料生产

奶山羊通过对饲草饲料的利用和转化,以生产鲜奶。只有饲料充足,奶羊才能发展,只有饲料优质,产品才丰盛,故饲料是发展奶山羊的物质基础。解决草料的具体途径是大量收贮野草、树叶,充分利用农副产品;大搞青贮饲料,这是保证奶羊安全越冬度春和提高生产力的重要措施之一;在不影响农作物生长的情况下,积极提倡套种各种青绿饲料;大力发展营养价值高而羊又喜食的各种优质牧草,促进奶山羊发展。另外,还要防止浪费,有的养羊户没有必备的饲槽、草架,补饲效果不好,浪费很大,真正吃到羊嘴里的饲草数量不多。一群羊,抱上一捆草,往地上(羊圈里)一放,羊互相争抢,嘴上吃,脚下踩,加上尿粪污染,饲料一脏,羊便不吃了。为降低成本,必须添置养羊设备,不要让草料掉在地上,尽量减少损失。

2.选择好品种和优秀个体

品种不同产奶量的差异很大,如一般情况下纯种的萨能羊产奶量高于杂种羊,而杂种羊又高于土种羊。即使同品种和同血统的羊,个体之间差异也很大。不论是购买还是繁殖培育奶山羊,都很讲究外貌和体型特点。凡生长发育好,体质健壮,外形好的产奶量就高。在选择奶山羊时,母羊要求体格大,结构匀称,外貌清秀,毛细短而稀,白得闪光,嘴叉深,耳细长而灵敏,肚子容积大,前胸突出,并具有头长、颈长、身长、腿长"四长"特征,其中脚高像四根竹竿,长而健壮,乳房膨大,基部宽广,质地柔软有弹性,乳头中等大小,挤奶后乳房收缩快而且显著有小皱纹,如挤奶后乳房不收缩,即俗称"肉乳头",表明乳房由结缔组织构成,缺乏腺体组织。产乳力低的山羊,乳房有种种缺陷,常见的下垂乳房,致使山羊行动不便,此由于乳房与腹部联系的肌肉松弛,乳房内经常充满乳汁,日久变成下垂乳房。有的乳房不发达,乳头很短。有的乳房不平衡,一侧发育较好,一侧发育不良。还有的中间有一条沟,将乳房分成两部分。乳房的黑斑越多,年龄越老,产奶性能下降,应及时淘汰。

3.选择青壮年奶山羊饲养

奶山羊产奶量的高低,随着年龄和胎次的变化而有规律的变化。在成年前产奶量随年龄和胎次的增长而增加,成年后则随年龄和胎次增长而下降。奶山羊的使用年限为 10 年左右,年龄在 3 至 6 岁,胎次在 2 至 5 胎生的后代最好,产奶也最多。在正常情况下,一般母羊终生产奶量最高为第 3 胎。7 至 8 岁后逐渐衰退,以至丧失繁殖力和生产力。公母羊的使用年限,均与饲养管理有密切的关系,营养缺乏或营养过度都会造成不育。为了使羊群保持较高的生产水平,在改善饲养管理的同时,应在羊群中不断提高青壮年母羊的比例,这样做事半功倍,会获得最好的养羊效益。

4.加强羔羊和青年羊的培育

加强羔羊和青年羊的培育,在胚胎期注意饲料的质量和数量。产后选留羔羊应按标准进行,如唐山市选留羔羊的标准比较高,选留公羔的亲代年龄在 2~4 岁,符合二级以上,最高日产奶在 4 千克以上,年产奶 600 千克以上。选留公羔初生重在 3.5 千克以上,哺乳期 3 个月,总哺乳量 85 千克,3 个月体重 20 千克以上。母羔的选择也规定了体重标准。要达到规定的标准,必须加强干奶期的饲养。羔羊生后必须早吃、多吃初乳,吃好常乳,及时补草补料。羔羊哺乳期间一定要供给充足的饮水,哺乳期奶中的水分不能满足羔羊正常代谢的需要,实行人工哺乳的可往羊奶中加入 1/4 至于 1/3 的温水,同时在圈内和运动场内设置水槽或自动饮水器,让羔羊任其自由饮用清洁水。培育羔羊所喂的精料,最好使用云南农业大学和省畜牧兽医科研所生产的配合饲料或参照以下配方:玉米 30%、豆粉或黄豆、豌豆 30%、大麦 10%、麸皮 10%、苜蓿粉或紫花苜粉 9%、鱼粉 4%、酵母粉 2%、白糖 2%、骨粉 2%、食盐 0.5%、多种微量元素预混添加剂 0.5%。整个哺乳期要加强管理,特别注意卫生和运动。各地应从实际出发,制定奶山羊选留标准,在培育过程中不断选优去劣,提高羊只质量。

从断奶到配种前的羊叫青年羊,断奶后应进行公母羊分群饲养,这样可以促进发育,防止乱配、早配所带来的体格发育不全的恶果。断奶后要多供给优良牧草,如黑麦草、紫苜蓿和紫花苕等。或在较好的草地上放牧,使青年羊多运动和多吃些优良牧草,有利于消化器官的发育,培育成的羊体高大,肌肉发达,腹大而深,采食量大,消化力强,乳用型明显,利用年限长,终生产奶量多。丰富的营养和充足的运动,可使胸部宽广,心肺发达,体质强壮。庞大的消化器官,发达的心肺是将来高产的基础。饲养上每日在吃足优质饲草的基础上,补给混合精料 0.2~0.5 千克,日粮中可消化粗蛋白的含量在 15%以上。青年羊常用的精饲料配方:玉米 50%、麸皮 21%、豆粕 20%、鱼粉 2%、酵母粉 2%、尿素 2%、骨粉 2%、食盐 1%、多种微量元素预混添加剂 1%。只要有质好量足的草,还可以少给精料。如果喂料多,运动不足,培养出来的青年羊体格小,过肥,利用年限短,终生产奶量少。

在奶山羊饲养上要想提高经济效益,必须重视羔羊和青年羊的培育,只有抓好这两个阶段的培育工作,才能保证较好的养羊经济效益。

5.加强产奶母羊的饲养管理

母羊的泌乳期大体可分为三个阶段:即泌乳初期、泌乳盛期和泌乳后期。因在各个泌乳期中母羊的生理状况和营养需要不同,在饲养管理上也应随之有所变化。只有这样才能养好泌乳母羊,提高泌乳量。

①泌乳初期。分娩后前 10 天为泌乳初期。这期间母羊的食欲和消化机能尚未恢复,消化能力弱,所以泌乳初期应以优质嫩干草为主要饲料,不宜喂难以消化的饲草或急于增加精料。但是,也应根据母羊的不同体况区别对待。

对体况较肥,乳房膨大,消化不良者,应只喂优质干草,不喂多汁饲草,少喂精料。对体况消瘦,消化力弱,食欲不振,乳房膨胀

72

不够者,除喂给优质青、干草外,可以少量喂给含淀粉较多的薯类饲料(如红薯、马铃薯等),以增强体力,有利于增加泌乳量。产后如急于催奶,大量增加难以消化的精料,最易形成食滞或慢性肠胃病,影响泌乳量。

②泌乳盛期。这时期泌乳量不断上升,一般在产后 30~45 天达到泌乳高峰,高产母羊泌乳高峰到来较晚,约在产后 40~70 天。泌乳盛期母羊食欲旺盛,饲料利用率高,但由于体内积蓄的各种养分不断付出,母羊逐渐消瘦,往往是产奶越高,越是消瘦。为了维持母羊良好的体况和使泌乳高峰持续更长的时间,应该配给最好的饲料,增加采食次数。除仍需要喂给相当于体重 1%~1.5%的优质干草外,应尽量放牧,多喂青绿多汁饲料,适当增加混合精料(玉米 50%、麦麸 15%、豆类或豆饼 20%、大麦 15%),有条件的地方可以补喂一些豆腐渣,同时还应多补喂一些矿物质饲料,做到饲料多样化,适口性好,营养完全,这样的饲料奶山羊喜欢吃而且对消化和促进泌乳能力的发挥有利。

③泌乳后期。这时泌乳量逐渐下降,当产奶量下降的时候,要想办法使它下降慢一些。在泌乳高峰期精料量的增加要走在奶量上升之前,而此期精料的减少要走在奶量下降之后,这样会减缓奶量下降的速度。值得注意的是精料应逐步减少,如果精料减之过急,也会导致泌乳量很快下降。泌乳后期母羊已怀胎,胎儿虽增重不大,但对营养的要求全价,能保证胎儿的正常发育,并为下一个泌乳期贮存营养。此时应减少精料,多给优质粗饲料。减料的幅度以体重增加得不太快和泌乳量下降得比较慢为标准。

6.讲究挤奶技术,提高产奶量

正确的挤奶方法和合理的挤奶次数是提高奶山羊产奶量的一个重要方面。挤奶技术熟练,并能根据奶山羊的泌乳特性进行挤奶,就能提高奶的产量。反之,则降低产奶量。挤奶时的两手用力要均匀、轻快、速度要一致。挤奶必须一气呵成,不能挤挤停停,因为排乳是奶羊体内一种刺激素作用的结果,这种作用时间短,挤得快,奶就可以被挤净。奶不是贮在奶泡里,边挤边泌乳,需要一次挤完。挤奶时要固定地点、人员和时间,不要打羊,以免形成刺激,影响产量。另外,挤奶不能在羊圈里挤,挤奶室最好离开羊舍,这样奶就没有不良的味道,也比较安全卫生,保证了奶产品的质量。在鲜奶收购中,经常发现一些群众交来的鲜奶中含有血丝或者奶色呈血色,这样的奶不符合收奶卫生标准。正常奶的色是淡黄或白色,不能有绿、黄、红等色。发生这种情况的原因,一是饲养管理不善,使奶山羊的乳房发炎,另一个则是挤奶人缺乏技术,挤伤了奶山羊的乳房。

挤奶时用温浴毛巾洗净擦干乳房,轻度按摩后双手挤奶。正确运用拳握挤奶法,每分钟 80~120 次,最后一滴奶要尽量挤净。挤净乳汁是防止乳房炎,提高产奶量的关键。奶的分泌是连续性的,分泌的快慢与内压成反相关,即乳房越空,压力越小,分泌的越快。适当增加挤奶次数对提高产奶量有明显作用。据研究,每天挤二次比挤一次奶可增加奶量 20%~30%,挤三次比挤二次可增加 10%~20%。只有正确掌握挤奶要领,才能真正收到高产奶羊多产奶的效果。

7.必须保证有两个月的干奶期

为使乳腺组织得到一定的休息时间,从事整顿,并使母羊在体内积蓄必要的营养物质,给提高下一期泌乳量创造条件和保证胎儿的正常生长发育,必须让母羊在分娩前两个月停止泌乳,并加强饲养管理,使母羊在分娩前体重比泌乳盛期增加 30%左右。

在停止挤奶前,首先使其产奶量下降,减少青绿多汁饲料和精饲料,多喂干草,适当控制饮水,减少挤奶次数和打乱挤奶时间,这样母羊就会很快干奶。停奶后立即恢复正常饲养,母羊干奶期的日粮以优良干草为主,适当补充精料,尤其要注意增加矿物质和青绿多汁饲料的喂量。

8.抓好疫病防治

奶山羊一有病就要影响产奶量。所以在饲养管理时,要随时注意观察。若发现食欲不振,精神萎靡,行动迟缓,喜欢卧地,低头耳垂,口不倒沫,腹部膨胀,粪便软稀或干结,鼻流脓液,呼吸加快,咳嗽连声,眼内黄疸或混浊,乳房红肿,产乳量下降,体温上升等。发现以上情况,应马上进行检查治疗。并将病羊与健康羊分开饲养,加强饲养管理,喂给容易消化而羊喜爱吃的饲料,供给饮水,严重的要及时治疗,使病羊早日恢复健康。

"治病不如防病",这是劳动人民长期积累的宝贵经验,要饲好奶山羊,必须认真贯彻"预防为主"的方针,严格按免疫程序搞好预防接种工作。但要注意的是:正在患病的羊及怀孕后期的母羊,均暂不能注射疫苗。此外,要勤扫羊舍,定期消毒,保证圈舍清洁、干燥。寄生虫对羊群的危害特大,应搞好常年驱虫灭病,尤其春秋两季要做好此项工作。

在整个奶山羊生产中,要"抓奶先抓配,抓挤先抓喂,抓料先抓草,抓大先抓小",从基础上,从根本上全面抓起,以期获得比较高的经济效益。

山羊的肥育和肥羔生产技术

一、山羊的肥育技术

肥育也叫"催肥",是养羊业中一项投资少、收益大的生产技术。山羊通过一个肥育期(一般为90~100天)后,一般可以增重30%~40%,饲养得好的,可增重10~15千克。同时,通过肥育可以提高屠宰率,使肉质鲜美,提高板皮油性和毛绒的品质。因此,是开发养羊业(包括绵羊)不可缺少的技术环节。

1. 肥育前的准备

肥育肉羊来源,凡不留种用的幼年公羊,都可以阉割催肥,其他淘汰的种公羊和丧失繁殖力的母羊,也可以经过一段肥育后再行屠宰。从肥育速度和效果来说,一般以幼年羊为最好,因为幼年羊生长发育旺盛,长肉多,增重快。据测定,山羊1岁时的体重可达成年羊体重的75%,而且肉质胜过成年羊。肥育前,贮备足够饲料,满足肥育期的需要,这就是所谓兵马未动,粮草先行。

表4　　　　　　肉羊肥育期饲料需要量　　　单位:千克/每日每只

饲料种类	淘汰羊	羔羊(体重 15~50 千克)
干　草	1.2~1.8	0.5~1.0
青贮玉米	3.2~4.18	1.8~2.7
各类饲料	0.34	0.45~1.4

为保证肥育效果,饲料供应必须充足,饲料品种也不要轻易

更换。

（1）编组分群

在催肥前应按羊的品种、膘情、大小、强弱不同编组分群，如果羊只数量少，也可以按混合组分群，但要求体重大体保持一致。

（2）公羊去势

羊群中所生的羔羊大都是公母各半，除少数优良公羔留种外，其他公羔均应去势。去势后公羊变温驯，便于管理，容易上膘。此外，还可除去公羊特殊的腺臭味，能改进肉的品质。

去势的方法很多，但用胶皮圈去势，操作简便易行，随时都可以做；同时，没有出血、化脓、生蛆等现象，并且愈合良好。去势用的胶皮圈可以买，也可用废自行车内胎剪成0.2~0.5厘米宽的圈。一般在羔羊生后3至14天去势最好，最晚不应超过1个月。去势愈早阴囊及睾丸脱落愈快，去势晚的由于皮肤增厚，阴囊和睾丸脱落就慢。去势的方法先将公羔睾丸上部的精索套紧，然后把胶皮圈套于精索处，绕6至8圈，越紧越好。这样断了阴囊和睾丸的营养，使其逐渐萎缩枯干脱落。一般在生后一个月以内去势的羔羊，经十几天阴囊和睾丸就脱落了。4月龄去势，用胶皮勒后肿7~8天，一个月才脱落。

（3）其他

对各组羊只进行称重、驱虫、修蹄。

肥育羊应注意肠毒血症和尿结石的发生。在育肥前应注射四联苗，防止毒血症，在以谷类饲料和棉籽饼为主的日粮中加入0.25%氯化铵或将日粮含钙量提高到0.5%，避免磷、钙比例失调发生尿石症。另外对于自繁自肥羔羊，最好在羔羊15日龄开始进行隔栏补饲料，对羔羊以后肥育效果，缩短肥育期，提前出栏有明显作用。还要选好牧地，一般以选择牧草丰盛、草质好和气候凉爽的坡地放牧为好，这样可以提高放牧肥育效益。

2. 羊肥育应注意的问题

①合理组群后,再按各种羊肥育要求,调整日粮,采用不同的饲养方法。注意观察羊的变化,及时挑出伤、病羊分别饲养。

②保持圈舍干燥,良好通风和一定圈舍面积,以利肥育羊增重。每只羔羊 0.75~0.95 平方米,大羊 1.1~1.5 平方米。

③不喂发霉变质的饲料,避免争食。饲槽长度应与羊数相称,避免拥挤、争食。每只大羊占饲槽长度 40~50 厘米,羔羊 20~30 厘米,如用自动饲槽长度分别为大羊 10~15 厘米,羔羊 2.5~5 厘米。投料后注意采食情况,投给量以吃完不剩为好。

④保证充足清洁饮水,冬天不饮冰水,每只羊饮水量与气温有密切关系,气温 15℃时每只每天 1 千克左右,15~20℃时 1.2 千克,20℃以上时饮水量在 1.5 千克以上。

⑤保持饲料种类和日粮类型稳定,需要变换时应逐步进行,精料一般在 5 天内换完,粗饲料在 14 天内换完。对于外购肥育羊,购入当天只喂水和少量干草,不喂料,休息称重,注射四联苗和灌药驱虫,无异常才进肥育圈。

3. 放牧肥育法

放牧肥育是一种经济、有效、简单易行、各地普遍采用的肥育法。

放牧羊肥育一般从春季开始, 充分利用夏秋青草旺盛时节,通过放牧使羊只获得充足的营养,达到催肥的目的。成年羊肥育,以放牧为主适当补饲肥育效果更佳。每日每只羊采食青绿饲料 5~6 千克,补给精料 0.4~0.5 千克(干物质 1.6~1.9 千克,可消化蛋白质 150~170 克),日增重可达到 120~140 克左右。成年羊放牧肥育可分为两期进行,即:

第一期第一个月全放牧,第二个月每日加喂精料 0.2 千克,到肥育后期加精料 0.4 千克;

第二期第一个月放牧加补料 0.2~0.3 千克, 第二个月放牧加精料 0.5 千克。这样全期增重可提高到 30%~60%，达到肥育标准。

4 舍饲肥育法

舍饲肥育法是在舍内进行的，一般适于冬季牧草枯黄时或屠宰前进行短期催肥用，一般肥育 75~100 天上市。肥育过短效果不佳，过长增加饲养成本。

幼龄羊比老龄羊舍饲肥育效果好，老龄羊肥育主要是脂肪沉积，增重慢，幼羊则生长发育快，增重快。羔羊在良好饲养下，可增重 10 千克以上。老羊由放牧转舍饲要有一个适应期。

老羊的舍饲肥育开始以喂优质干草为主日粮，逐渐增加精料量，适应舍饲后改为肥育日粮。肥育圈内设水槽、盐槽。投料分为普通饲槽人工投料和自动饲槽一次投料两种。普通饲槽设草架和料槽，分别加草加料。

（1）舍饲肥育的饲料

除使用优质青干草（豆科牧草和禾本科牧草等）和青贮饲料外，多利用农副产品作精料，如酒糟、糖渣、油饼以及富含淀粉的玉米和薯类等。羊的配合料按饲养标准预先混合配制，配合料可制成粉粒状或颗粒状，制作时粗料不超过 20%~30%，颗粒大小以10~15 毫米为宜。以秸秆为主制作颗粒料时，饲喂羯羊日粮中秸秆占 60%，而羔羊不宜超过 20%，颗粒大小，羯羊及大羊 1.8~2 厘米，羔羊为 1~1.3 厘米。

如内蒙肥育 6~8 月龄羔羊，50 天增重 9.5 千克，平均日增重190 克，其配方是：秸秆和草粉 55%~60%，维生素和矿物质 3%，精料 35%~40%，尿素 1%。饲喂结果，每千克增重消耗饲料 6.4 千克，胴体重达 20.1 千克，屠宰率 52%。

舍饲肥育羊饲喂颗粒料最好用自动饲槽，让羊自由采食，保证饮水，一般大羊每天每只进食量为 2.5~2.7 千克，6 月龄为 1.2~1.4 千克，6~8 月龄为 1.8~2.0 千克，午后每只每天补喂 0.25 千克干草。目前市场上已有牛羊专用饲料系列产品，其配方组成原理、饲料加工工艺符合绿色产品要求和反刍动物消化代谢特点，投入市场产生很好的效果，羊只育肥快，生产的无公害优质羊肉符合市场标准。

（2）饲养管理

舍饲肥育能否成功，主要决定于合理的饲养管理技术和正确的饲喂方法。如在日粮组合上，要求饲料多样，精粗搭配适当。同时要增加饲料的适口性，以提高采食量。任何时候山羊都喜欢吃各种混杂的草，单纯喂山羊一种草，时间长了很难使其吃饱，回潮了的干草山羊也不爱吃。一般每天喂 3~4 次，先喂精料，再喂多汁饲料，最后喂优质干草。山羊采食饲料，有其独具的"洁癖"，因此饲养肉山羊，比喂养任何一种家畜都需要细致耐心，如用舍饲的方法肥育，饲槽和草架需要精心设置，清洁卫生和采取少喂勤添的喂养方法，对山羊来说是特别必要的。如果不注意这个问题，不仅使山羊吃不饱草，而且要大量浪费青草和干草。有时浪费的比喂下去的草还要多，造成饲养成本高，不经济的后果。每次饲喂间隔时间要安排恰当，做到定时定量。要经常补喂食盐，供给充足的饮水。羊舍要经常打扫，保持清洁干燥，通风良好。肥育后期环境要安静，应减少活动和舍内光线，以利积累脂肪和减少能量消耗。

5. 混合肥育法

混合肥育法是在羊只通过放牧肥育阶段后，再进行舍饲肥育，或在同一时期内采取放牧和舍饲相结合进行肥育。这种方法只有在牧地草质较差或者青草季节刚过时采用，一般应用较少。

6. 肥度的鉴定

云南各族人民在长期养羊实践中，对山羊的肥度鉴定积累了丰富的经验，如"宁买壮一把，不买长一拃"。对山羊用摸肩前淋巴结的大小，看被毛变化及秋后羊体挂霜情况等判定肥度。当山羊的淋巴结有鸭蛋大小时，则是膘情最好的表现，如为小鸡蛋大小时,则表示膘情尚差。山羊营养不良时,毛干而灰暗,且蓬松零乱。羊只膘情好转时,毛色变得光亮,当羊只膘情肥满时,毛就像在旋转似的,形如翻毛。看秋后早晨羊体挂霜的多少,肥羊皮下脂肪多,毛粗而密,体热散失少而慢,因此霜能在身上挂住。反之,肥度较差的羊,身上挂不住霜或挂霜少。

通过以上三个方面的肥度鉴定后,凡达到满膘的羊,即应进行出圈屠宰,否则,时间长了,不仅增重缓慢,还增加饲养成本。

二、肥羔生产技术

1.羔羊早期断奶后的哺育

羔羊早期断奶是根据母羊产后泌乳规律及羔羊生后 7 周龄完全可以有效利用植物性饲料的消化生理特点而采取的一项控制哺乳期,缩短母羊产羔期间隔,达到一年 2 胎或 2 年 3 胎,多胎多产,获得更多羊肉的重要措施,也为羔羊早期肥育创造条件。

母羊产后第三周泌乳达到高峰,以后逐渐下降,9 周后下降急剧。羔羊 40~50 日龄时,消化道已基本发育完全,完全可以利用植物性饲料,母乳已远不能满足羔羊生长发育的需要。经多年实践,我们认为在云南推行羔羊 7 周龄断奶是适宜的。目前在国外,澳大利亚多数地区羔羊生后 7~10 周龄断奶,保加利亚生后 25~30 日龄断奶,英国在羔羊吃到初乳后进行人工育羔。方法为:将代乳粉用温水稀释至干物质含量 16%,每日喂 4 次,约 3 周或体重达 5 千克时断奶,以后喂含蛋白质 18%的颗粒料、干草或青草不限。

表5 　　　　　　　　早期断奶代乳品配方(%)

时间	脱脂乳	脂　肪	磷　脂
20 天前	68	29	3
21~45 天	80	17	3

每吨代乳品加入氯化钴 1.2 克,硫酸铜 20 克,碘化钾 0.3 克,亚硒酸钠 0.2 克,食盐 10 千克,重碳酸盐 5 千克,维生素 A 2 万国际单位,维生素 D 3600 国际单位,维生素 E 2000 国际单位,维生素 B 1250 国际单位,维生素 K 400 克,赖氨酸 1 千克,蛋氨酸 2 千克,金霉素 50 克。

羔羊一般 15 日左右开始补饲,产羔日期不集中时,按其大小分群、分期补饲,开始每只每天给 45~55 克,后期 400~450 克,精料(玉米、豆饼)不管羔羊吃过没有每天都要换新鲜料,一天补一次或每天早晚各补一次,补饲期每只羔羊需料量为 9~14 千克,一月龄前玉米可打成大碎粒,一月龄后可以喂整粒玉米,同时补给羔羊优质青干草,青干草用草架或吊草把方式补给。提早补饲,可以加快羔羊生长发育速度,为断奶后肥育打基础,以利双羔的生长发育,缩小单双羔出生后的差异,控制羔羊吃奶次数,使母羊安心采食,促进泌乳。羔羊补饲必须实施隔栏补饲,只供羔羊进出补饲的小区,母羊不得进入。隔栏出入口宽 20 厘米,高 38~46 厘米,补饲小区面积按每羔占地面积 0.15 平方米计。

2. 羔羊早期肥育

羔羊早期肥育是指羔羊生后 45 天断奶,断奶后使用全精料饲养的一种肥育方法,肥育 50~60 天,屠宰后胴体重 8~10 千克。法国、意大利、埃及等国多采用这种肥育方法,法国年生产肥羔约 4000 吨左右。其特点:一是符合羊的生长发育规律,即羔羊生后至 3 月龄,生长速度最快,饲料转化率高,3 月龄以后生长缓慢。二是饲料转换率高,即羔羊胴体超过 30 千克时,饲料转换率迅速降低,生产成本开始上升。

(1)羔羊早期肥育的准备工作

①断奶前 15 天,实行隔栏补饲,使羔羊与母羊有一定分开时间。

②补饲所用饲料必须与断奶后肥育期饲料相同。

③隔栏或羔羊专用羊舍应干燥、通风良好、地面少铺垫草。

④做好预防注射。

（2）饲养管理

①选择肥育饲料，合理配制日粮。肥育效果最好的玉米等高能饲料，其混合饲料配方比例为：整粒玉米83%，黄豆饼15%，石灰石粉1.4%，食盐0.5%，微量元素和维生素0.1%。按配方拌均匀后采用自动饲槽让羔羊自由采食，防止羊踩入槽内，污染饲料而降低摄入量。

②肥育全期（50~60天）不应变更饲料配方，如要改变用油饼类代替黄豆饼时，可能日粮中钙磷比例失调，应注意调整。

③肥育期不能断水，并注意保持饮水清洁。运动场内设盐槽，放入食盐并加石灰石粉，任羊自由舔食。

羔羊早期肥育，要选择生长快、早熟的合适品种，断奶前进行早期补饲，使其断奶后完全能吃植物性饲料，同时还要加强哺乳母羊的饲养管理，保证有充足奶供给羔羊，提高羔羊断奶重，获得良好的肥育效果。

3.断奶羔羊的肥育

目前云南省羔羊一般断奶时间在生后3~4月龄，断奶后羔羊，除部分选留到后备羊群外，多数羔羊应出售处理，在作肉羊出售前进行短期肥育。羊生后4~6月龄时肌肉组织发育最快，6月龄后主要是脂肪组织剧烈增长，当年羔羊在秋末冬初屠宰，年龄在8个月左右，肉的品质也最好，可获得良好经济效益。

断奶后的肥育方法如前面所讲，有放牧肥育、舍饲肥育和半放牧半舍饲肥育三种。各地应视当地草地情况和羔羊的类型而定。根据山羊利用草山草坡能力强的特点，放牧肥育是一种最经济的方法。如夏秋青草季节，特别是秋季，经80~90天放牧，不补饲或少补饲，均可达到膘肥肉满的目的。如草场质量不好，产草量低，豆科牧草少等，可采用放牧为主，收牧后先补饲干草，傍晚再补饲混合精料，精料喂量以不超过体重的1%为宜。混合精料配方：70%玉米，15%菜籽饼，12%麸皮，1%食盐，2%骨粉。常言道：
"草膘、料劲、水提神"，放牧肥育的关键：草、水、盐密切配合，缺一
不可，山羊经常口淡口渴，放牧不得法，将影响肥育效果。

在云南条件较好地区，羔羊断奶后，利用一段时间放农田秋
茬地，使羔羊适应饲料转变的过程后进入舍饲肥育期。羔羊进入
舍饲肥育后，因生活环境和采食饲料的变化，必然产生较大应激
反应，为减弱这种反应带来的影响，可将肥育期分二阶段进行：

（1）第一阶段肥育预饲期

时间大约 15 天，舍饲肥育开始后 1~3 天，为使羔羊适应新环
境，只喂给青干草；3 天后以干草为主，逐步增加日粮，其配方是：
玉米 25%，干草 64%，糖蜜 5%，油饼 5%，食盐 1%，抗生素 50 毫
克。粗精料比例为 36:64，蛋白质水平为 12.9%；10~14 天喂给下列
日粮。配方：玉米粒 39%，干草 5%，糖蜜 5%，油饼 5%，食盐 1%，抗
生素 35 克，蛋白质水平为 12.2%，精粗比例为 50:50。

预饲期每天喂 2 次，给料量以能在 30 分钟左右吃完为宜，不
够要添，多了要清扫出来，每只羔羊占饲料槽的长度为 25~30 厘
米左右。

（2）第二阶段为正式肥育期

根据肥育计划和增重要求，分别采取下列日粮配方。

①粗饲料日粮配方

玉米粒 0.91 千克，干草 0.61 千克，黄豆饼 23 克，抗生素 40
毫克，蛋白质含量不低于 14%，每天喂二次，早晚各一次，每次给
料时，先喂玉米、蛋白质补充料，吃完后再给干草，并保持用具、饲
料、饮水清洁卫生。

蛋白质补充料配方：黄豆饼 50%，麦麸 33%，稀蜜糖 5%，尿素
3%，石灰石粉 3%，磷酸氢钙 5%，微量元素加食盐 1%，维生素 A
3.3 国际单位/千克，维生素 D 3300 国际单位/千克，维生素 E
330 国际单位/千克。蛋白质含量 35.1%，总消化养分 62%、钙

3.3%、磷1.8%。

②全精料型日粮

全精料型日粮是指日粮中不含有粗饲料，为了使羔羊每口采食一些粗纤维，可供给每只每天45~90克秸秆。全精料型日粮适用于体重在30千克以上健壮羔，经短期强度肥育(40~45天)后，使体重增加13千克以上时出售。短期强度肥育采用自由采食方式饲喂，不断水，保持用具和圈舍卫生。

全精料型日粮配方：

玉米粒96%，蛋白质平衡料4%，矿物质自由采食。每千克风干饲料蛋白质含量不低于12.5%，总消化养分85%。

蛋白质平衡料配制：

优质豆科草粉62%，赖氨酸31%，粘固剂4%，磷酸氢钙3%，拌匀制成直径为0.6厘米的颗粒状。

矿物质成分为：石灰石50%，氯化钾15%，硫酸钾5%，微量元素28%，土霉素50克，加预混料900克。

微量元素盐成分：氯化钴1.2克，硫酸铜20克，碘化钾0.3克，亚硒酸0.2克，食盐20千克，重碳酸盐5千克，骨粉20千克。

4. 利用杂交优势进行肥羔生产

经济杂交能提高羊的产肉性能，降低饲养成本，获得较高经济效益。目前国外在进行肥羔生产时，除两品种进行杂交外，还用三品种或四品种杂交，增加多品种杂交母羊的比例来提高养羊的效益。杂种优势程度在不同品种间和同一品种内不同个体间表现不尽相同，所以应在杂交组合试验的基础上，选择适于肥羔生产的最佳的杂交组合，一般而言，品种间差异越大，所获得的杂种优势也较大。国内外经济杂交试验结果说明，羊各种性状杂种优势率为：产羔率、增重率和羔羊成活率分别较纯种提高20%~30%、20%和40%，三品种杂交后代每生产1千克羊肉的饲料消耗比二品种少18.4%，利用三品种杂交，可显著地提高饲料报酬和增加羊肉生产。

放牧与高床圈养

一、放牧方法

放牧是养羊的重要饲养方式之一。从山羊的生活习性和生理特点看,它是最适合于放牧的家畜,因为山羊合群性强,采食青饲料种类多,比较容易得到完全营养。同时山羊运动量大,对环境的适应性强,有利生长发育和身体健康。把山羊放到广阔的山野去,让它们成天逍遥自在地尽量采食所喜欢吃的野草和灌木,这是最适合山羊本性的饲养法。放牧也是一种比较经济的生产方式,可以节约饲料、劳动力、降低生产成本。俗语说"赶羊棍虽轻,但放好羊不容易"。

为做好科学放牧,应注意以下几点:

①合理规划草场。无计划的乱放牧,是对草场的极大浪费。一般放牧一段时间要换地方,让牧地闲下来长草,等再生牧草长起来以后再放牧。休牧杜绝了牲畜对天然草山的掠夺式利用,是改善生态环境最根本、最经济、最有效的办法。实施休牧或划区轮牧,可使草场植被得到有效恢复,提高了草地生产力。采取分区轮牧的办法,可以提高牧草利用率 25% 以上,羊只增重提高 15%~20%,值得大力推行。

②放牧必须十分注意饮水问题。山羊喜欢饮流动的水,牧场附近应有清洁的泉水、河水。冷田冷坝水不流动,水上面往往有层红皮,羊喝这种宿水会患肝片吸虫病,出现头肿、下巴肿等症状,所以不能让羊喝这种水。饮水要掌握一定的时间和方法。等羊吃

到半饱时,把羊赶到饮水的地方,并稍停片刻才饮水,以防饮水过急,误入气管,造成疾病。一定避免空肚子饮水和大量饮水,以免发生流产。

③不在潮湿、低凹的草地放牧。出牧和收牧要缓行,要边走边放,不要追赶,严禁鞭打和惊吓。临产母羊行动不便,要精心护理,出入羊圈要防止拥挤。母羊产羔前后一个半月最好不要出牧,喂足青贮多汁饲料和精料。

④要稳住羊群。山羊喜欢跑动,一般在放牧时不易稳住。群众经验:"放羊打住头,放得满身油",说明放牧稳住羊群的重要性。这样就可以避免羊只乱跑,影响吃草、上膘。春季放牧较困难。因春季草才萌芽,羊只出现"找青症"。要求放牧员带着羊只放牧,堵住带头羊。羊喜食回头草,应挡回再带着放,放牧路途不宜过远,以免吃饱拖瘦不长膘。同时,羊又是反刍动物,放牧中要注意羊群的休息,给予充分反刍的时间以利草料的消化。云南各族人民在长期的放牧实践中总结出来的放羊谚语是"放羊不用巧,挡住就是好,少走慢跑多吃草。走一步吃三口,一年四季长得好;吃一口走三步,一年到头长不好"。

⑤预防膨胀病。放牧不当时有臌胀病发生,当采食过多的豆科牧草时,食物在胃内迅速发酵,产生大量气体而又不易排出体外,会引起臌胀病,往往来不及治疗就倒地死亡。应采取以下措施加以预防:

a.放牧前,先喂些稻草之类的干草,防止羊只采食过多的豆科牧草。

b.开始放牧时要限制放牧时间,不要到茂盛的豆科牧草地上放牧。

⑥避免误食毒草。本来羊有分辨毒草的本领,是不会吃毒草中毒的。但在初春,有毒植物很小,杂在一些嫩草中间,它就无法选择了,有毒植物种类较多,如羊角藤(夹竹桃科攀援状灌木)、蔓

陀罗(狗核桃)、马钱子、断肠草、毒芹等。为了避免误食有毒植物，由关养转为放牧前半个月左右，每天适当喂点青草或干草，这样可避免羊只饥饿或贪青误食毒草，同时可防止羊因吃得过饱，引起膨胀病或拉稀。如果当地有毒草，放牧地点应选择在高燥的草场，这些地方有毒植物较少。

⑦数羊。放牧中，稍有不慎，就有丢失羊只的可能，因而每天在放牧过程中，在上坡、过沟或通过狭窄的山路时，当羊群自然形成一条线时，是数羊的最好机会。羊群归牧进圈，必须再数一次羊，这样就不容易丢失羊，即使丢失也容易找。有的放牧员说："一日数三遍，丢了在眼前，三日数一遍，丢了寻不见"，是很切合实际的。

石林县养羊状元赵文聪的放羊经验

"羊赶10里饱，牛赶10里倒"，羊不会吃饱了睡下去，每天放牧要有8小时以上，在气温高的中午，要让羊充分休息。他认为三月苦刺花开，四月收蚕豆，这两个月最好放牧，又吃草又吃料。青草期喂盐次数较枯草期多，喂了盐不要马上喂水。放牧时间随季节不同而不同，冬春要出牧晚归牧早，不让羊吃霜草，中午不休息；夏秋草好要早出牧晚归牧，尽量延长放牧时间，太阳越偏西，羊越争着吃，每天放牧10小时以上。

放牧方法也是四季各有不同：春季放牧，应放在青草萌发较早的沟边、河岸、阴坡；夏季放牧，应选择通风凉爽、蚊蝇少的山梁草场；秋季除了在高山放牧外，还可以把羊放地边，采食收割后地里剩下的庄稼、杂草的草籽；冬季应放牧草枯萎较晚的箐沟、林地，让羊吃到较多的青草。

二、山羊高床圈养技术

1.山羊高床圈养的好处

高床是指用一定的建筑材料在离地面一定高度所搭建的有

漏缝网板的羊楼(见图10)。换句话讲,就是采取高架离地养羊,羊只在干燥的漏粪高架羊床上憩息,可克服因地面潮湿而诱发的各种疾病,影响羊群的生产性能。

石林县农牧部门把山羊高床圈养作为提升科学养羊水平,加快规模化、集约化发展的主要途径,把高床圈养、牧草种植、青贮饲料加工、贮藏、品种改良作为示范的重要内容,截至2004年5月,由农牧部门帮助、指导建起来的高床养羊户达765户。推广山羊高床圈养,改善了圈舍卫生条件,改变了老式羊圈只能关羊,不能科学养羊的落后状况,减少了腐蹄病、寄生虫病的发生。通过高床圈养,由放牧改为舍饲为主后,减轻了草场的压力,促进草场植被恢复和生态良性循环。高床配套设施养羊比传统养羊产奶量高,发病率、死亡率低,效益显著。

图10　高床羊舍

2. 高床建设的要求(见图11(1)、图11(2))

(1)布局合理

一般而言,山羊的圈舍应建筑在房下方,实行半放牧半舍饲的运动场设在圈舍后面,圈舍要远离厕所、灶房,设在一个较安静、通风、向阳的角落。双列式圈可以建成对头式或对尾式圈。

（2）面积适宜

每只羊所需高床网板面积羔羊 0.3~0.5 平方米，后备公羊 1.0~1.5 平方米，后备母羊 0.5~0.8 平方米，成年公羊 1.5~2.0 平方米，成年母羊 1~1.2 平方米，泌乳母羊 1.2~1.5 平方米，妊娠或哺乳母羊 2.5~3.0 平方米。若公羊单圈饲养为 4~6 平方米。羊舍面积太小，不利于其生长发育和生产能力的正常发挥。公羊舍与母羊舍离一定距离，建在上风处。

（3）高度适中

羊床离地面的高度视羊舍的高度而定，结合云南情况，屋檐不宜过高，人出入方便就可以了。过高不仅造成浪费，也不利于保暖；太低不利于通风、防潮，圈舍高度 2.5~3 米比较合适。故羊床离地面搭建高度也要适中为好，石林县 0.6~1 米，陆良县 1~1.2 米。

（4）板条规格和缝隙

高床网板可用 3 厘米×4 厘米、4 厘米×5 厘米的木板条铺钉，木板条之间留 1~1.5 厘米的缝隙，以便漏粪尿。铺钉木板时，各排木板条相互错开，即应缝隙对板条。制作材料以就地取材实用为原则，这几年用下来，桉树木做板条比较好，既经济实惠，又经久耐用。板条应打磨光滑，避免损伤羊群。

（5）圈门宽敞

山羊合群性强，喜欢群居，进出舍门有拥挤的习惯。因此，圈舍的门要宽大，一般要求高 1.0~1.3 米，宽 0.8~1.0 米。

（6）地面坡度

舍内走道应有 1% 的坡度，网板下面地面坡度应有 30°~35°，以便粪尿清扫。

（7）通风透光

羊舍内氨的浓度过高（超过 0.01% 时），则有刺鼻的气味，甚至使人流泪，对羊则发生有害作用。氨气能刺激羊的呼吸器官和眼结膜,如果将氨吸收到血液和体内各组织,能破坏羊体的新陈代谢及循环系统的活动,影响羊只的健康。羊喜欢新鲜空气,最怕在黑房子里,故必须保持羊舍通风透光。羊舍应设向阳的窗户,一般每隔 3 米安一个窗户,窗户离地 1 米,窗户高度为 1 米左右,宽0.6 米左右,或建半开放式圈舍。

(8)饲　槽

饲槽是饲养山羊必用的设备之一,根据材料来源,就地取材制作,可用砖头和水泥砌成,也可以用木料或铁皮制成。饲槽要求槽上宽下窄,槽底呈弧形,前高后低。饲槽高出网板 40~50 厘米,槽上口宽 40~45 厘米,下底宽 25~30 厘米,前槽高 40~50 厘米,后槽高 20~30 厘米。在饲槽上设置间隙 3 厘米和高 40~50 厘米的扁铁与 3 厘米管焊制的补草架栏。50 厘米以上用木板及杂木钉成栏,防止羊只外逃及防盗。

(9)饮水设备

水的重要性不亚于饲料,在有条件的情况下,可用自动饮水器,也可以用水桶、水缸,在一定高度安装仿自来水的自动饮水器。这样既方便羊只饮水,也可节约用水,防止水被污染,并有利于预防药物的投放。

(10)运动场(见图 12)

山羊的运动场与羊舍紧连,其面积为羊舍 3~5 倍,场内地面要干燥,呈斜坡形,排水方便,周围用铁丝网或砖砌成花墙,围栏围墙高 1.8~2 米。羔羊喜欢跳跃和攀登,在羔羊的运动场可设置高台(假山),台高 1.5 米左右。建筑高台的材料也应就地取材,石块、砖砂均可,为了羊只避暑乘凉,可在运动场四周栽植杨树、桉树等。水槽最好设在运动场内,其形态和大小根据地点和需要来定。

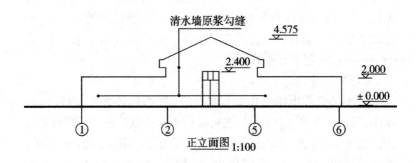

清水墙原浆勾缝

4.575

2.400

2.000

± 0.000

① ② ⑤ ⑥

正立面图 1:100

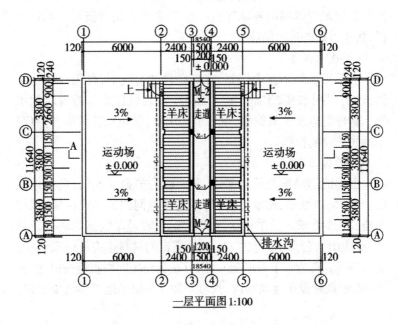

一层平面图 1:100

图 11(1)　石林县山羊高床圈养羊舍设计图

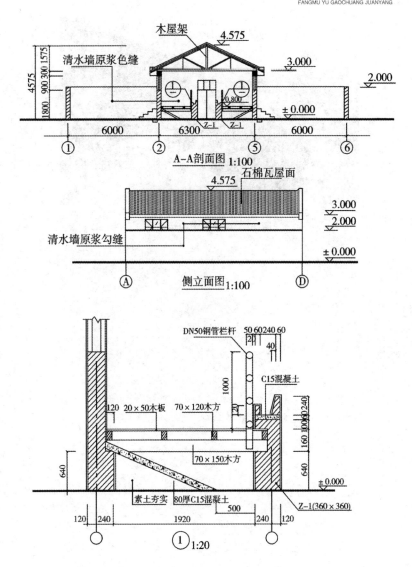

图 11(2) 石林县山羊高床圈养羊舍设计图

图 12　高床羊舍的运动场

山羊的选种选配

一、山羊的选种

选种就是选择优良的公羊和母羊作为种用,以提高羊群的生产力。种羊的优劣,对后代的品质有重大的影响。为了不断提高羊群的生产力,要一代一代不断地精心挑选。公羊是羊群的一半,俗话说:"公羊好管一坡,母羊好管一窝"。种公羊对整个羊群的影响最大,选择时更要慎重。选种羊要全面考查,不仅要看它本身,也要看它的祖先和后代。

1. 种羊选择的原则

（1）看祖先

羊的品质好坏能遗传给下一代。遗传性能好而且很稳定的种羊,生下优良后代的机会就多些。所以选择种羊时,要对它亲代（上代）的生产性能和体形外貌等进行考查,如果它的前几代生产性能都好,说明它的遗传性能比较稳定,其后代继承祖先优良生产性能的机会就大,选这样的个体作种用可靠性就强。

（2）看本身

即看自身的表现,如生长发育的快慢、品质特征的明显、体质健康以及外形的优劣、生产性能的高低等,这些都会影响下一代。所以必须优中选优,尤其是小公羊更应如此。

（3）看后代

种羊的好坏,最终判断是看后代。优良的种羊,不仅本身的生产性能是优良的,而且能把好的性能遗传后代,因此后代的好坏是鉴定种羊优劣的可靠因素。如果后代都好,那就进一步证明这只种羊有好的遗传性,其种用价值就高。如果后代缺陷较多,就不能作种用。特别是种公羊更是如此。对于后代品质不理想的母羊,应选用性能优良的种公羊交配,以提高后代品质。

2. 种公羊的选择

选留一只种公羊,一般要经过三次鉴定,第一次在断奶期,第二次在配种前,第三次在生后代以后。为了保证种公羊的质量,应从二、三、四胎中选。也不要用低代杂交公羊作种羊,以免后代个子小,毛色不好。肉用羊要求生长快、肉质好、体质结实、体格高大、健康、体重大,精力充沛,动作敏捷,举动活泼,食欲旺盛,发育良好,具有雄性特征,并具备本品种的典型特征。从外貌上看要头重颈宽,两者结合良好,眼大有神、耳大灵敏、嘴大而采食力强,鬐甲高于荐部,背腰平直,体躯宽阔结实,前躯充分发育,四肢有力,睾丸发育良好,对称整齐,无畸型乳头,被毛粗亮,皮有弹性,叫声洪亮,性欲旺盛。

3. 种母羊的选择

发育良好,体质健壮,后躯宽大,性情温顺,母性强,四肢强健有力,背腰平,腹部发达但不下垂,皮薄有弹性,毛细有光泽。要求水门一条线、湿润,如果水门紧、圆,乳房小往往是不孕羊,一般要考虑淘汰。此外,还要根据记录查清年龄、配种产羔情况,羔羊成活率和生产性能,以确定是否作为种母羊。

4. 羔羊、育成羊的选择

在培育羔羊的过程中,母羔出现头小、嘴尖、胸狭、腰短、腿短、生殖器官异常,初生重不足 2 千克者即可淘汰。留种公羔则要求体型高大,四肢粗壮、正直,胸圆腰长,头形好,雄性明显。如果在培育过程中出现头小、嘴尖、鼻凹、眼单、颈薄而长、腿短、腰短、胸狭、肚子特大、生殖器官异常者及时淘汰。选择育成羊,要求健康、良种和高产,老、病、低产羊都不能选入羊群,山羊可供繁殖年限一般情况下仅为 5~7 年,以选择 1~2 岁编入育成羊群最合适。

对现有羊群全部进行编号挂牌、登记,建立档案,分别设立种公母羊卡片、配种记录、产羔哺乳记录、种羊生长发育记录、种羊结构统计表格。种羊档案,项目包括编号、性别、年龄、特征、来源、父号、母号、初生重、断奶量、一岁以上各年龄体尺、体重、泌乳性能、繁殖性能等。

二、山羊的选配

选配就是选择优良的公羊与优良的母羊进行交配,繁殖优良的后代。

选种选配是育种工作中的重要环节,二者互相联系又互为条件。选种主要是摸清羊只品质,选配则是巩固选种的效果,使后代能够结合双亲所具有的优良性状和效果,从而逐步提高羊群的整体质量。所以,父母羊的选配,绝不能看做是两个个体间的简单交配,而是山羊育种改良工作中积累和加强有利变异的重要手段。因此,选配必须掌握以下原则:

①以种公羊的综合评定等级等于或高于母羊等级配种,即采用"优配优、优配中、中配中和中配差"的等级方式选配。对特级、一级种公羊充分使用,二、三级公羊控制使用或同级使用,不允许低等级公羊给高等级母羊配种,不用相同缺点或相反缺点者选配种。

②因种羊年龄对其后代的生命力影响较大,选配时必须使母羊年龄匹配得当,其方式是:

青年公羊配成年母羊

成年公羊配青年母羊

成年公羊配成年母羊

不许老幼龄羊互配或同配

③优良品种除有意识地杂交改良外，一般进行同质选配，以便稳定其优良性状。同质选配是指具有同样优良性状和特点的公、母羊之间进行配种，使这些相同优点能够在后代身上得到巩固和提高。但同质选配应根据育种工作的实际需要来确定，因为在巩固和提高这些优良性状的同时，容易造成单方面的过度发育，使羊只体质变弱，生活力下降。

④选配时应选择亲和力强的品种或品系(族)间交配。并尽量使用遗传力强的壮年种公羊，避免使用过老或不够年龄和体重的公母羊进行交配。

⑤好的遗传基因加上好的培育条件，才能培育出好羊。为此，要使选择、选配和培育结合起来，使之更好地提高选育效果。

三、山羊的年龄鉴定

鉴定山羊的年龄，最好是根据记载资料来判定。山羊牙齿的发生、脱换、磨灭等是有一定规律的，掌握这些规律也可推断山羊的年龄。这在生产中有着重要的实用价值。

山羊上颚有臼齿 12 个(每边 6 个)，下颚也有臼齿 12 个，并有门齿 8 个，上颚没有门齿，成年永久齿达 32 个，幼龄羊乳齿计 20 个。乳齿小而白，永久齿大而色微黄。

以牙齿鉴定年龄主要看下颚门齿。山羊门齿的发生、脱落、磨灭的规律是，出生时即有切齿(门齿中间的一对叫切齿)，3~4 周门齿全部生出，以后第一对乳齿脱落，更换为永久齿时年龄为 1~1.5 岁，更换为第二对时年龄为 1.5~2 岁，更换第三对为 2.25~2.75 岁，更换第四对时为 3~3.5 岁，四对乳齿完全更换为永久齿时，一般称为"齐口"，一般 5 岁以上，6 岁以上齿龈凹陷，牙齿向前方斜出，齿冠变狭小。6~7 岁时门齿已动摇或脱落者，此时为"破口"。门齿出现齿缝，牙床上只剩点状齿根时，年龄已达 8 岁以上，称为"老口"。7~9岁牙根活动陆续脱落,影响吃草,即应淘汰。

我国农牧民看牙齿断年龄的经验方法是:"一岁始换牙,两岁一对牙,三岁两对牙,四岁三对牙,五齐,六平,七斜,八歪,九掉牙"。这种鉴定羊年龄的方法,简单易记,便于掌握和推广。

四、种羊调运及引种初期的护理工作

1. 做好种羊调运工作

首先,应选择合适的调运季节,引种时间最好选择在两地气候差别不大的季节。其次,要切实加强种畜检疫制度,在运前、运后都要严格检疫。种羊抵达目的地后应实行隔离观察,严防把原产地的传染病和寄生虫病带入。第三,要充分做好调运前后各项具体工作,包括车辆的消毒、人员的组织、途中防暑或降温措施以及饲喂制度等,最好能携带一些原产地的饲料,供途中和初到新地区时饲喂。尽量减少不良刺激因素,降低应激反应。第四,送羊途中不能缺水,对拉肚子者灌服大蒜酒,运回后不能猛吃猛喝,只能喂半饱。有病的羊治好了再巩固3天。

2. 种羊运回后初期的护理工作

引种初期的饲养管理是引种成败的关键环节。为了避免不必要的损失,必须加强饲养管理。应依照原产地的气候、饲养习惯等,改造局部小气候,创造良好的饲养管理条件;选用适宜的日粮类型和饲养方式;预防地方性寄生虫病的传染等。使引入品种在本地健康生活,同时还要加强适应锻炼,让引入品种逐渐适应本地的自然环境。日粮类型和饲养制度应逐步过渡,使引入品种尽快适应本地条件。

种草养羊与牧草种植技术

一、牧草的重要经济意义

牧草对水土保持及土壤改良有特殊的作用,没有团粒结构的土壤"雨天一包糟,晴天一把刀",不利于农作物生长,故产量低。种植牧草,特别是种植豆科牧草,提高了土壤有机质的含量,使土壤产生团粒结构,这是提高土壤肥力的有效措施。此外,还有保持水土的生态功能。

牧草中含有丰富的蛋白质、脂肪、糖类、维生素 C、E、胡萝卜素及氮、磷、钾、钙等营养成分,是食草家畜的重要营养。牧草大多叶面积大,能充分利用光能合成有机物,所以产量高,养畜经济效益大。一般来讲,牧草的蛋白质含量高于谷物水稻 6.5%~9%。牧草是我国养羊的重要饲料来源。牧草除产量高、营养成分优良、生产成本低、耐粗放栽培外,其消化率比较高,由表 6 可以看出,牧草消化率比藁秆高,接近精料。要羊好必须草好,草好是主要的,料

表6	各类饲料可消化率比较		可消化率%	
饲料种类	蛋白质	脂肪	无氮浸出物	纤维
未成熟的混合牧草	70	62	75	66
大麦秆(藁秆类)	25	39	53	54
稻　草	22	23	46	59
小麦麸	83	81	79	53

是其次,所以种植牧草对发展养羊业十分重要。结合云南情况,发展肉羊业也必须走以草换肉,以草换革,以草换钱的路子。

二、牧草的混种

把两种以上的牧草按一定的比例混合种植,叫牧草的混种。

1. 混种的意义

首先,不同种类的牧草具有不同的习性,对肥料的要求不同,混种可以充分利用土壤各层的水分、养分、空气,增加产量。

其次,混种牧草可以起到互补作用,例如豆科和禾本科混种,可以各得其所,地上部分的光能也可以充分利用,不致荫蔽。

第三,混种可以加速土壤改良,禾本科根多,腐烂后可以增加有机质;种植豆科牧草补充的钙可以中和酸度,使土壤中微生物活动旺盛。混种收获的牧草是多样的,既满足羊的营养需要,又提高适口性。

此外,饲料要多样化,豆科牧草掺搭一定比例的禾本科牧草,不仅可以满足蛋白质的需要,而且可以防止臌胀。建立多年生牧草地,使各年产草量平衡稳定,前期以生长速度快为主,后期需要利用年限长。

2. 组合原则

首先,同一组合的牧草对生存条件应有同一要求,如水生的和旱生的就凑不到一起;温度也是生存条件,凉爽的和喜高温的凑不到一起,要尽量避免互相排斥,侵占性强的牧草多,会造成互相排斥。

其次,同一组合的牧草,在分类、形态、习性、对营养要求、生长速度、加工特性等方面要有差异,这些差异最好是互补的。

第三,应该根据牧草地的利用年限,决定混种需要的年限,利用两年以上,豆科占75%,禾本科占25%,利用三年以上,应选用多年生牧草为主,适当增加一、二年生牧草,豆科占25%,禾本科占 75%。

3. 混播牧草播种量的计算

混播的种植密度大,播种量也比单播多,总播种量相当于单播的 140%~160%。两种牧草混播,各取单播时的 70%~80%,三种牧草混种时同科牧草各取单播时的 35%~40%,不同科的取单播时的 50%~80%。

4. 混播时的播种方法

播种有两种方法,一种是播种前种子充分混合,然后下种;另一种是隔行条播。前一种方法更能发挥混播的好处,采用后一种方法,可以隔行先后播种,播豆科,出苗再播禾本科牧草,长得比较均匀一致,提高牧草抗寒能力。

三、播　种

1. 种子的精选和晒种

种子过筛,去掉重量不够的种子,有害的,破碎的种子,种子播前晒 1~2 天。种子在贮藏期间休眠,需要发芽的时候,种子营分需要一系列的复杂变化。通过晒制,提高温度,促使酶的活动有所增强,有适宜的温度、水分、空气,种子就能出芽。

2. 硬实处理

牧草种子又小又轻,通常豆科牧草种子有 20%~80% 的硬子,其中苜蓿硬子 10%~20%,三叶草类 30%,草木樨(苦草)80%,硬子皮很厚,不透水,不通气,不进行处理,出苗参差不齐,苕子没有硬子,所以苕子发芽率高。有硬子的豆科牧草,应进行播前处理,使其播后在田间迅速形成优势种群,抑制杂草生长。

种子处理方法:

(1)机械破损

掺砂用木板在地上轻轻擦几下。

（2）药剂腐蚀

用稀盐酸（10%）浸泡 30 分钟，放在水里冲刷，阴干。经过处理，发芽率有很人提高。

3. 种子发芽率和发芽势的测定

（1）目的

①鉴定种子质量、种子发芽的整齐度。

②便于调整播种量，保证有适当的密度。

（2）方法

取 4 个培养皿（或平底盘），底放 6~7 层卫生纸，加水至卫生纸吸水饱和。取种子 400 粒，分为 4 份每个培养皿中放 100 粒，按 10×10 的方式排列，种子之间保持一定距离，然后将培养皿置于 20~25℃温度条件下，如温度不够可放入培养箱或温室中，定时观察，每天 1 次，分别记录发芽数目，连续观察 10 天，并记录发芽种子数，即记录见根见芽种子数。观察时如发现水分不足，可用滴管加水，保持培养皿内湿润。

前 6 天发芽种子所占比率叫发芽势，以达 80%为好；10 天发芽种子所占比率叫发芽率。通常情况下，田间发芽率只相当于室内发芽率的 50%~60%。发芽势和发芽率的计算方法如下：

$$种子的发芽率(\%)=\frac{10 天发芽种子总数}{供试种子总数}×100$$

$$种子发芽势(\%)=\frac{试验开始后 1~6 天发芽种子总数}{供试种子总数}×100$$

4. 种子消毒

40%的甲醛（福尔马林）加 300 倍水稀释，浸泡种子。

5. 根瘤菌接种

从来没有种过豆科牧草的地和生荒地，接种根瘤菌增产效果显著。根瘤菌是好气性细菌,适宜温度 25℃,酸度 6.5~7(微酸性至中性),强酸加石灰,有利于根瘤菌的繁殖。根瘤菌具有专化性,即一定的根瘤菌选择一定的植物共生。因此,购买菌剂要对号入座(表 7)。根瘤菌怕光,特别是直射光,用水拌了就盖土,不要让太阳照,也可以用原来种豆科牧草的客土来拌种子,根瘤菌菌剂是黑色粉末。豆科草籽在播种前进行根瘤菌接种处理,草籽与根瘤菌的比例为 10:1。

表 7 各种牧草与根瘤菌的共生关系

根瘤菌名称	共生的豆科牧草
豌豆根瘤菌组	豌豆属、蚕豆属、如苕子、蚕豆
三叶草根瘤菌组	三叶草属如红三叶、白三叶
苜蓿根瘤菌组	苜蓿属草木樨属,如紫苜蓿、草木樨
紫云英根瘤菌组	紫云英属如各种紫云英
大豆根瘤菌组	大豆属如大豆、黑豆
菜豆根瘤菌组	菜豆属如各种菜豆、四季豆
豇豆根瘤菌组	豇豆属如绿豆、扁豆、刀豆
羽扇豆根瘤菌组	羽豆属、乌足豆属,如羽扇豆、乌足豆

6. 播种期的选择

播种期与产量、利用期有关。从发芽角度讲,除冬季外,春夏秋都可以播种,但播种期决定于当地的气候条件。锄草贯穿各个栽培环节,播种期的选择,与能否战胜杂草有很大关系,特别是头一两年,最怕杂草喧宾夺主。春播在北方比较盛行,尤其是一年生牧草。作为云南来讲,春旱严重,一般多年生牧草都不在春季播种。夏播杂草萌发快,长得快,杂草往往把牧草压住,春播在某种程度上比夏播好。秋播在夏末秋初,草都长齐了,还没有结实的时候除掉杂草,这时播种气温高,水分足,不灌溉就可以出芽,经过一段时期生长进入冬季,有利越冬。晚秋播种,第一年虽然不能收或收得少,但第二年开春就猛长,弥补了损失。

7. 播种方式

播种的方式分撒播和条播两种,撒播种子分布不均匀,常常有裸露种子,疏密不匀,不便于中耕锄草,但适于天然草场缺苗补种。条播跟小麦播种差不多,行距根据牧草不同而不同,一般24~30厘米(6~8寸)。播种的深度实际是盖土的厚度,一般1~2厘米,不超过3厘米,盖土要均匀。

四、施 肥

多年生牧草需要施足基肥。一般农作物需要的是籽实,牧草需要的是营养体(茎叶),频繁的刈割,不施肥料是不行的,底肥要腐熟,有一定的数量。雨量不调匀,容易缺塘,一般20%~30%,严重50%~60%,有机质多,可以缓解雨量不调匀。

追施速效氮肥以开春或每次刈割后施用较好;旱地牧草最好施用硝酸铵,因尿素需1周的转化方可为作物所利用。即使是豆科牧草,底肥也需施好、施足,底肥中应有一定数量的磷、钙,提高牧草对氮肥的吸收能力,以磷换氮,同时还要追施一定的氮肥。苗期追施氮肥投资少,见效显著。

五、田间管理

1. 补 播

补播要及时,否则杂草会乘虚而入。即使是多年生牧草,每年也必须查漏补缺。以夏季补播为好,可加大草的密度。

2. 中耕除草

中耕对新植条的萌发有很大促进作用,并且可以增加土壤的通气性。

3. 冬季管理

当牧草地下根茎形成一团时,需用圆盘耙切断絮状的草皮。

冬季管理包括:

①当牧草入冬进入休眠时耕耘施肥,可以延长利用年限。方法是把太密的草根切断,补充肥分,来年就会猛烈生长,增加产量。

②清理草面,清除枯枝落叶,老茎杂草,使来年早发。

六、刈　割

刈割是否适当关系到牧草品质、产量、适口性、营养成分、草地的利用年限。

1. 适期刈割

秋播的牧草,当年不刈割,春播看品种,紫花苜蓿当年不能刈割,红三叶可收 1~2 次,第二年开始正常刈割。每年最后一次刈割距霜期一个月左右,让牧草再长一点,储藏养分,以利越冬。刈割跟天气有关,在一般情况下,最适宜的刈割时期豆科始花期至盛花期,禾本科抽穗期,不能等到开花。

2. 刈割次数

当年刈割 2~4 次,第二年至第三年,每年刈割 4~6 次,多年生黑麦草和扁穗雀麦,每年刈割 3 次。

3. 刈割高度

刈割高度影响牧草的产量、品质,刈割高产量低,新枝条夹有老茎,刈割低损伤根茎,一般留 6~8 毫米。

七、牧草的繁殖

牧草的繁殖方式有两种,一种通过种子进行有性繁殖,一种通过营养体无性繁殖。

牧草的有性繁殖系数比较高,种子容易收集,省工,运输方便,生产上多采取种子繁殖。

合格种子要求发芽率95%以上,发芽势85%以上,纯度98%以上,含杂质少,饱满,色泽正常,种子要来源于无病地区。一般情况,要建立专用的种子繁殖基地,采用精细的管理方法。

(1)认真选择留种地

有团粒结构,有排灌条件,土壤肥沃。

(2)种子处理

必须进行种子消毒。

(3)播 种

①不搞混播、间种、套种,一律实行单种。

②采取宽行播种,行距40~50厘米,改善通风透光条件,适当收窄播幅,减少播种量40%~50%,还可以播,使植株有足够的营养空间,茎叶粗壮,分枝分蘖增加,子种饱满,千粒重增加。

(4)施 肥

多量的有机肥作基肥,氮磷钾合理配搭,氮磷钾比为1.5:1.5:1,或2:1.5:1。豆科适当增加钙,磷肥拌在底肥里施,花前期才能用。

(5)田间管理

除草中耕,注意消灭杂草,同时除杂除劣。

(6)种子的采收和贮藏

牧草籽成熟不齐落粒性强,最好十黄九收,应5~6天收一次,分批收。收后摊薄晒干,种子含水量在12%以下时,扬净、装包、贮藏,贮藏环境要求低温、干燥,贮藏的容器最好是通气的,如无釉的瓦缸、编织物、麻袋等。

八、牧草病虫害防治

1. 牧草病害

常见病害主要有豆科牧草的白粉病、霜霉病、褐锈病及禾本科牧草的褐斑病、麦角病等。

（1）预防措施

①了解原产地和当地牧草病害情况,采取控制措施。

②做好种子的检验和检疫工作,避免牧草病害蔓延。

③对种子进行播前处理,先采取风力、浮选等方法除去杂质、碎叶片与秕粒。浮选法是用比重 1.03~1.10 的盐水选种,有病的种子菌核轻就漂在上面,可予以清除。然后用杀菌剂,如福美双、萎莠灵等按产品说明书介绍的方法,拌种或浸种以清除潜在病害。

④选用对当地病害具有抵抗力的品种。

⑤播前灭草。土地平整后,或种子未成熟前用除草剂等喷洒,杀灭杂害草。

⑥合理种植。混播,宽行距播利于减少病害。

（2）消灭病害方法

①人工防除。通过深耕,把病株翻下去埋入深层土。发现病株以后,也可以采取反复刈割消灭病害。对大戟科毒性杂草连根掘净,包谷的灰包（黑穗病）只有用拔除的方法消灭,目前尚无药物治疗。第一年加强拔除杂草,助长牧草生长优势。

②化学防除。选购条例法规允许使用的灭草灭菌剂,按说明书使用灭病害,并严格遵守用药后暂停利用年限。

2. 牧草虫害

（1）地老虎（土蚕）

这是常见的一种害虫,食性杂,分布广。地老虎有大地老虎、小地老虎、黄地老虎三种,其中小地老虎分布最广泛,以幼虫的方式危害作物。习性昼伏夜出,属地下害虫,早晚出来活动,太阳辣躲到植物的根部休息,抗药性不强,但不易触杀,2~6月份活动最猖獗,喜欢咬植物茎部。

防　治

①播种前翻犁,加以人工消灭,同时清除杂草。

②地老虎5龄以后变蛹,3龄以前对水的抵抗力差,可短期淹水将其淹死。

③用糖浆诱杀蛾子,先配制糖醋溶液(红糖3、酒1、醋4、水2),然后加溶液数量的1%的敌百虫、敌敌畏,离地30厘米放在盆里,白天加盖,晚上把盖拿掉,天亮又盖回,过5天再配原来数量的一半加进去,10天以后全部换。5~7月份变飞蛾,消灭一个蛾子相当于消灭许多幼虫。

(2)蛴螬(金龟子)

咬茎叶根,食性杂,对黑麦草、扁穗雀麦、红三叶危害大,成虫躲在灌木丛,用敌敌畏喷杀效果很好。蛴螬喜光,有伪死性,可以从树上摇下来进行人工扑杀或采用黑光灯诱杀。翻犁土地,同时,加以人工扑杀。

(3)蚜　虫

种类多,食性广,繁殖快,危害越来越严重,要保护天敌,放养天敌,使之成为蚜虫的克星。另外,可以采取反复刈割,予以抑制消灭。用鱼藤精、烟骨水防治效果也较好。

现在的农药,汞制剂对环境污染大已完全禁止生产和使用,DDT附着性强已经不用,六六粉已被淘汰,氧化乐果、甲胺磷等毒性较大的农药,危害人畜健康,将为优质高效的新农药所代替。要生产绿色畜产品,首先就必须生产和使用无污染的绿色饲草饲料,饲喂青绿饲料不能有农药残留和不喂被污染的饲料,从源头上把住质量关,按标准化生产和防治牧草病虫害,确保畜产品符合绿色食品要求。

（4）蛞　蝓

蛞蝓是一种软体动物。食性杂，危害多种牧草，其中对白三叶的危害最重。蛞蝓咬食植物叶片、嫩茎和芽，被害植株被咬成空洞或缺刻，危害严重时将叶片吃光。蛞蝓爬过的地方留下一道黏液，容易发现有蛞蝓。

防治：①可撒施石灰粉保护牧草地，用量约 75~112.5 千克/公顷。②夜晚喷施 70~100 倍的氨水，可杀灭蛞蝓，又达到施肥的目的。

几种主要牧草的栽培和利用

一、紫花苜蓿

1. 特征特性

紫花苜蓿简称紫苜蓿,适应性强,分布广,生长快,产量高,每年可收割 3~4 次,每次间隔 40 天左右。营养价值高,含蛋白质、钙丰富,能够弥补谷物饲料(如玉米)色氨酸和赖氨酸的不足,具有多种维生素,并且适口性好。鲜草中含氮 0.74%、磷 0.06%、钾 0.57%、钙 0.4%。所以紫花苜蓿称牧草之王、维生素饲料,营养成分见表 8。

表 8 　　　　　紫花苜蓿营养成分 （%）

成分 种类	水 分	粗蛋白	脂 肪	纤 维	无氮浸出 物	灰 分
鲜 草	74.7	4.5	1.0	7.0	10.4	2.47
干 草	8.6	14.9	2.3	28.3	37.3	8.6
茎部干叶	6.6	22.5	3.4	12.7	41.2	13.6
茎 秆	5.6	6.3	0.9	54.4	27.9	4.9
苜蓿粉	8.8	14.3	2.0	30.1	35.8	9.0
青 贮	46.6	10.0	2.5	14.2	22.0	5.3

紫花苜蓿干物质总消化率只有 60% 左右,低于红、白三叶及黑麦草,含有皂素,可溶性蛋白比较高,易得膨胀,解决的办法是

改进饲料配合,搭配一定的禾本科牧草。

苗期生长慢,昆明地区 3~4 月份种叫春播,当年就开花,秋播当年不能开花,维持低矮状态越冬,第二年 5 月开花,6 月份成熟,花期长。6~7 月种叫夏播,播种后 8~11 天出苗,第 33~50 天分枝,78~94 天开花,109~125 天结荚,150 天以后种子成熟,一个发育周期大概 150 天左右。喜欢温暖干燥的环境条件,耐干旱,能利用地下水,能保证最低需要,耐寒能力强,随着种植年限长而增强,三年生的苜蓿可耐受-28℃。根据观察,5~6℃即可发芽,7~9℃可以缓慢生长,适宜温带、寒带的环境,在高温多湿的环境中长不好,年降雨量 300~800 毫米生长比较正常,喜中性或微碱性土壤,土壤pH6~8,在盐碱地仍能生长,不耐强酸土壤。土质疏松、通气、排水良好最重要。排水不良,地下水位高的地方不能种紫花苜蓿。

2. 栽 培

(1)播 种

当年硬子达 70%~80%,第二年 20%~30%,以后就下降了,为了保证发芽率,一般不用当年收的子种。种子要进行硬实处理,冷的地方以春播为主,温暖的地带可以春播、夏播、秋播,云南为避免春旱和夏季杂草多,以秋播为好,以条播为主,行距 20~40 厘米,看土壤和杂草情况,播幅 10~15 厘米,留种用最好在 50~70 厘米,播幅 5 厘米,播种量 0.5~1 千克,留种地 0.4~0.5 千克。

(2)注意除草

苗期容易被杂草排挤,当植株在田间形成优势后,即可抑制杂草生长。秋播可以种保护作物以抑制杂草生长。

(3)刈 割

秋播苜蓿当年不能刈割,次年即可刈割,最后一次刈割在立秋前后。

(4)留 种

开花不结籽的主要原因是花期下雨,无传粉虫媒,龙骨瓣不张开等,可进行人工授粉,用绳子在田间拉扯,增施磷肥,每亩 20~40 千克。

3. 利 用

紫花苜蓿可以显著提高后作的产量,在土地多、干旱、瘦薄的地方可以轮作,种 3~4 年苜蓿后,再种农作物,可以提高产量。紫花苜蓿为多年生饲料作物, 只要不衰,4~5 年后仍可以继续用下去。要保证苜蓿的长年利用,必须有正确的放牧方法,在每年秋末冬初把牲畜放到苜蓿地里,在霜降之前,让羊干净彻底地吃一次,冬天不放牧,控制蚜虫,控制杂草。苜蓿长到 8~10 年,产草量下降,必须更新。

二、红三叶

1. 特征特性

红三叶又叫红车轴草,蛋白质含量比紫花苜蓿低一些,但仍然是一种好的豆科牧草。

晒制过程中,叶子不易脱落,常晒制干草。红三叶虽是多年生牧草,但生活期 3~6 年,利用年限 2 年,第三年开始衰败,幼苗期生长比苜蓿慢,夏播 17~19 天出苗,35~76 天分枝,85~102 天开花,当年子种不成熟,花期长达两个月,开花时间不整齐。红三叶分早花型和晚花型,早花型红三叶生长年限短,耐寒性差,生长发育快,再生性强,每年可刈割 2~3 次;晚花型红三叶,生长年限相对较长,植株高大多毛,生长发育较慢,花期长,再生性差,一般每年只能割一次,产量高,耐寒性较强,但草质相对较差。红三叶对水肥、土壤条件要求较高,即使水肥条件好,产量也跟不上紫花苜蓿。红三叶的营养成分及含量见表 9。

表9　　　　　　　　红三叶的营养成分及含量　(%)

项目 种类	水	粗蛋白	纤维	脂肪	无氮浸出物	灰分	维生素				
							A	B	C	D	E
鲜草	73.8	4.1	7.3	1.0	11.7	2.1	极多	少	极多	极多	极多
干草	12.9	12.8	25.5	3.1	38.7	7.1	多	少	多	多	极多

2. 栽　培

（1）生长条件

喜欢温暖湿润，超过35℃不适应，也不能耐受干旱，要求年降雨量在1000毫米以上，长日照作物。红三叶忌连作，一般间隔6年，否则病虫害多，3~9月都可以播种，高寒山区也可以种，喜土壤肥沃，不怕冷，但怕瘦、怕干、怕连作，栽培时应注意。红三叶种子小，播种前进行发芽率、发芽势、净度测定，覆盖土不超过1厘米，从来没有种过红三叶的地方进行根瘤菌接种。

（2）整地灭草

深翻耙细，把种子均匀播在一个平面上，播后盖土并适度镇压以保证出苗整齐。早期生长阶段与杂草的竞争能力较弱，苗期应适时中耕除杂草。

（3）施　肥

关键要施足基肥，每亩不低于2000千克，基肥里拌有过磷酸钙，每亩50千克，补充钙质加石灰，追肥施稀薄肥料，促进根瘤菌生长。

（4）冬季管理措施

松土、施肥是管理的中心环节，促使来年早发，延长利用期。

3. 利　用

耐牧性较差，适于刈割利用。青饲宜于现蕾期刈割；调制干草宜于开花期刈割;制作青贮可在开花后期刈割。第二三年产量较高,第四年可翻耕种植其他牧草。

三、白三叶

1. 特征特性

白三叶又名白车轴草。为长命型牧草,有匍匐生长习性。喜温暖湿润气候,最适生长温度 20~25℃,适应性强,比红三叶、杂三叶耐寒、耐热。对土壤要求不严,适宜土壤 pH6~7,对肥沃湿润、排水良好的土壤生长尤为良好,耐荫蔽,可在园林下生长。再生力强,耐多次刈割和放牧,可作为改良草山草坡的一种优质豆科牧草。

白三叶茎叶细嫩,叶量丰富,不同生长阶段营养成分和价值比较稳定,开花期干物质中含粗蛋白 24.7%、粗脂肪 2.7%、粗纤维 12.5%、无氮浸出物 47.1%、粗灰分 13%,其中钙 1.72%、磷 0.34%,是优质的蛋白质饲料。干物质消化率也很高,一般都在 75%~80%,所以适宜于各种大小畜禽利用。白三叶产量第一年稍低,亩产 700~1000 千克,第二年产量可达 2500 千克以上。

2. 栽 培

白三叶的品种很多,不论那个品种只要潮湿和有灌溉条件的土壤都能生长良好。适合云南省栽培的有海法、南迪诺和草地胡依阿等品种。其中,海法白三叶耐热、耐旱、耐牧和耐瘠薄的能力都较强,植株高大,放牧或刈割利用均可,较适合环境较差的地方种植;草地胡依阿植株比较矮,耐寒性比较好,适合滇东北和滇西北高寒地区种植,放牧利用;南迪诺属大叶型白三叶,植株高大,耐热性好,但耐旱、耐牧和耐贫瘠能力较差,适合于水肥条件好的地方种植,刈割利用。

白三叶种子细小,千粒重 0.3~0.5 千克,播种时要求精细整地,清除杂草和残茬,使土壤紧实。净种每亩播种量 0.5 千克,净种白三叶就不必增施氮肥,但增施磷肥可提高白三叶产量。在强酸性土壤中可适当的施用石灰。白三叶适于与黑麦草、鸭茅、非洲狗尾草等禾本科牧草混播建立永久性放牧人工草地。白三叶与禾本科牧草混播比例多为 1:2 或 1:3。一般 8~10 月秋播,4~5 月也可以播种,每亩播种量 0.3~0.5 千克,播种前最好都接种高效根瘤菌,这在酸性土和贫瘠土壤种植尤为重要。条播或撒播均可,条播时,行距 20~30 厘米,播种深度 1~2 厘米,播后盖土并适度镇压。每亩定植肥用量:钙镁磷肥 17~20 千克、硫酸钾 3~7 千克、硫酸铜、硫酸锌和硼砂各 0.35 千克。严重缺氮的土壤,定植肥中可以每亩施用 8~10 千克尿素以利于幼苗生长。苗期生长缓慢,要注意中耕除草。多年生草地维持肥主要施用钙镁磷肥,用量为每亩 10~20 千克,拌细土撒施。白三叶长成后,只要适当刈割和放牧,能促进它的生长,可利用多年。与其他禾本科牧草混播,初期禾本科生长旺盛,要及时刈割,以免影响白三叶的生长。

3.利　用

白三叶再生能力强,耐踩踏,最适于放牧,也可刈青鲜用或晒干草用。刈割利用时,适宜于初花期开始,以后可刈割多次。放牧利用时除播种当年苗期生长期应禁牧外,其他时间不受限制。放牧时,避免羊过多采食白三叶引起膨胀病。每次放牧后停牧 2~3 周,以利再生。

四、光叶紫花苕

1.特征特性

光叶紫花苕简称苕子,一年生或越年生草本,根系发达。属豆科饲料、绿肥两用作物。茎细柔,半匍匐状,尖端有须,可蔓延生长,花紫色,种子黑褐色,圆形,适应性强,耐干旱和霜,苗期能耐-11℃左右的低温,对土壤要求不严,但以排水良好的土壤生长最适。耐贫瘠、培肥力强,是很好的豆科牧草绿肥作物,特别是冬春季,其他牧草枯萎,苕子是很好的饲料,是山区冬春饲料的主要来源。扬花收草季节正值丁季,青草用不完的可晒制干草,贮备打糠作配合料原料。在饲料淡季是家畜的一种优质青绿饲料。旱地间作苕子对改良红壤,增加土壤有机质,降低生产成本,增产效果显著。绿肥牧草是农牧结合的纽带,只有大种绿肥牧草,使农牧有机结合,粮食才能高产稳产,畜牧业的发展才有保证,提倡过腹还田。

苕子营养价值较高,鲜草中含水分84.56%、粗蛋白质5.12%、粗脂肪0.45%、粗纤维3.26%、无氮浸出物4.84%、粗灰分1.28%、钙0.056%、磷0.049%。

2. 栽 培

光叶紫花苕在云南省大多数地方5~8月都能播种,北部高寒山区3~4月份播种为宜。由于发芽需水较多,因此,最好在雨季结束前播种。由于出苗快,苗期生长迅速,生育期短,耐阴性强,种、收灵活,适于与粮食或其他经济作物间、套、轮作。也可在果园里套种,充分利用地力。秋播时,可与大麦、黑麦草或蚕豆等混播。光叶紫花苕根系入土深,整地时最好深耕,每亩用10~30千克钙镁磷肥作基肥。条播,行距30~35厘米,沟深10厘米;点播塘距为20厘米×30厘米。播种深度4~5厘米;播后覆土,播种后6~8天出苗。刈割要适时,株高30~40厘米,茎基部叶片开始发黄时就必须刈割,否则茎长得过长,覆盖茎基部不易通风透光,容易发生霉烂。收种的在立春后(约2月初)停止刈割。旱地种的作留种为好,种子成熟一致。收种宜在清晨露水未干时收,以防种子破裂落种。单播用种量4~5千克。幼苗期可进行1~2次中耕除杂。

3. 利 用

饲草产量较高,良好栽培条件下,盛花期一次刈割鲜草亩产量一般可达3000千克,种子产量30~50千克。鲜饲时,分枝期开

117

始刈割利用。适口性好,营养价值高,最好与其他粗饲料搭配使用,才能提高饲料的利用率和防止发生臌胀病。调制干草时在开花盛期齐地刈割。

五、黑麦草

1.特征特性

黑麦草是畜禽鱼的优质青饲料,国外将其喻为"绿色黄金"、"绿色地毯"、我国称其为"希望之草"。

黑麦草是目前单产蛋白质最高的植物,且氨基酸、维生素、微量元素等营养都十分丰富,适口性极好,茎叶柔软多汁不易老化,使用时间长达 6 个月左右。饲用价值是禾本科牧草中最高的,鲜草每千克干物质粗蛋白质的含量为 17%~28%,有的地区高达30.6%。由于其适口性好,消化率高,不但是牛、羊喜食的牧草,也是饲喂草鱼和其他畜禽的优质饲料。鲜草产量一般亩产 5000 千克上下,高的可达 1 万千克以上,可反复刈割再生。因此,无论是从产量还是从质量与饲喂效果来说,都是目前非常优秀的草种。耐贫瘠土壤,抗逆性强。能适应于山地黄壤、红壤、黏壤等贫瘠土壤,而且抗御病虫害能力强。

2.栽 培

黑麦草可春播也可秋播,播前两周用除草剂除去杂草。单播时的播量为每亩 1~1.4 千克,行距 15~30 厘米。条播、撒播均可,但多采用条播。纵横播种有利于提高植株高度,特别是用谷物播种机播种的效果更好。由于种子细小,播种前应精细整地,施足基肥。秋播时,应根据土壤墒情适时灌溉。每刈割 1~2 次后,施用 10千克/亩的尿素作追肥。白三叶是最适宜与黑麦草混播的牧草之一,因其不但能固氮,还能为黑麦草提供充足的氮肥。白三叶铺地的持久性好,返青早,其侵占性很强,它与黑麦草混播时应只占整个播种量的 10%左右。此外,黑麦草也非常适宜和紫花苜蓿混播。

3.利 用

春秋季生产的过剩鲜草可以刈割后青贮或晒制成干草,以便在冬季缺草时提供高质量的饲草。由于黑麦草的含糖量高,所以特别适合青贮。刈割时间以下午为最佳。最好在黑麦草长到 30 厘米左右时刈割,留茬高度 4~6 厘米。另外,黑麦草可耐频繁放牧,非常适宜高强度的放牧系统。放牧时,植株应达到 10~25 厘米,采食至 3 厘米以下时就应禁放。

黑麦草是一个秋季种植,冬春利用的草种。黑麦草的推广种植,有利于把种植业生产格局中粮食作物、经济作物的二元结构、调整为粮食作物、经济作物和饲料作物的三元结构。黑麦草病虫害少,不需喷洒农药,草质十分洁净、无污染,饲喂畜禽生长快、疾病少、肉质鲜美,还可提高瘦肉率 6%~8%。

六、皇竹草

1.特征特性

皇竹草是一种禾本科狼尾草属宿根多年生高产优质饲草品种,由象草和美洲狼尾草杂交育成,因其茎秆形似竹子故称为"皇竹草"。我国 20 世纪 80 年代从哥伦比亚引进,昆明 2000 年从四川引进栽培。该草植株高 3.5 米左右,叶长 160 厘米左右,叶宽 3~6 厘米。表现为用茎节一次种植,使用多年,每年可刈割 6~8 次,每亩产鲜草 2 万千克以上, 可喂牛 3~5 头或羊 40~50 只或兔子 3000~4000 只。茎叶干物质中含蛋白质 14.38%~18.06%。叶片柔软、脆嫩,含糖量高,甜度比玉米叶高,适口性好,营养价值高,饲喂牛、羊、兔长肉长膘快,饲喂奶牛产奶量高,同时该草根系发达,根长可达 3 米以上,可在较短时间内形成须根网络而牢固锁住水分和土壤,是退耕还草的首选草种。

2. 栽 培

我国南方冬季 0℃以上地区部分可安全越冬，北方地区可以根蔸加盖干草或塑料薄膜越冬。作饲料栽培，每亩 2000~3000 株，新垦土地应在种植前的 1~2 个月耕翻，每亩 1500~2000 千克有机肥作基肥，并清除杂草，待土壤充分熟化后再种植。在不能全垦的荒山种植，要挖 0.5 米×0.5 米×0.5 米的坑，施足有机肥。平地要作畦，畦宽 1 米，畦与畦之间留宽 40 厘米的走道，以便操作。

皇竹草苗多数是由上一年冬季采收，沙藏处理到来年春季 3~4 月份，切节扦插繁殖的。用粗壮无病、芽眼出茎节、每节茎节(芽)蘖为一个种苗。节平放，也可斜放式直插，芽眼入土 7 厘米并踩实。栽后若天气旱，需 2~3 天浇一次水，不遇连续干旱，浇一次定根水即可。一周后成活，20 天左右出苗。用分蘖栽植深度为 10 厘米，栽后及时追施钙镁磷肥，每亩 15 千克，以促进成活和生长分蘖。生长前期加强中耕除草，适时浇水和追肥。小苗生长前期有少量钻心虫危害，可使用除虫菊酯、水胺硫磷等农药防治。

3. 利 用

作为青饲料栽培 45 天后，当株高 1~1.5 米时即可刈割用，每年刈割 6~8 次。皇竹草是"大肚汉"，需要大水大肥，每刈割 1 次施 1 次肥，每亩用尿素 25 千克或碳铵 50 千克追肥。如果施肥跟不上，地力很快下降，影响产量。大型草食动物，可让植株长得高一些再刈割。小型草食动物如山绵羊，可以刈割嫩叶喂养；丰产月鲜饲有余则可刈割青贮或加工成草粉或晒制青干草，还加工草粉制成羊的配合饲料。冬春季节皇竹草变枯，主要靠青贮和其他冬春牧禾草解决。

七、鸭 茅

1.特征特性

多年生丛生性草本植物,须根发达,茎直立、光滑、基部扁平。株高 70~120 厘米,叶片蓝绿色,幼叶成折叠状。基部叶片密集下披,长 30~50 厘米,宽 0.8~1.2 厘米。圆锥花序,花序上的小穗稍散开,似鸡脚状,又名鸡脚草,具有耐牧、耐贫瘠、耐旱、极耐阴、叶量大、草质好、营养价值高等优点。适宜在冷凉气候,湿润肥沃的黏壤土或沙壤土上种植,气温高于 28℃则生长受阻,但其耐热性和耐寒性都较多年生黑麦草强,略能耐酸,不耐盐碱。鸭茅是云南省目前栽培价值最大的温带禾本科牧草,除金沙江旱热区、元江燥热区、南部南亚热带及其他气候十分炎热的少数地区以外,均适宜种植。抽穗期营养成分见表 10。

表 10 　　　　　　　鸭茅的营养成分 （%）

样品	干物质	粗蛋白质	粗脂肪	粗纤维	无氮浸出物	粗灰分	钙	磷
鲜草	21.2	2.8	0.8	6.0	8.6	3.0	0.11	0.06

2.栽 培

鸭茅由于种子细小,苗期生长缓慢,幼苗细弱,播前须精细整地,尽量除尽地表杂草。雨季来临前播种,通常采用撒播,播后轻耙地表,然后镇压。采用条播时,播种深度以 1~2 厘米左右为宜,播后覆土宜浅,单播每亩播种量 0.8~1 千克,行距 15~30 厘米。混播时,鸭茅与豆科种子按同重量混合,每亩播种量 1~1.2 千克,建立高产草场,提供优质的混播牧草。鸭茅寿命较长,一般可存活 5~6 年,对氮肥反应敏感,施用氮肥可提高产量和质量。

3.利 用

鸭茅一旦建植,草丛厚密,经久不衰,其鲜草可刈割青饲,晒制干草,制作青贮,亦可用于放牧。鸭茅再生能力强,产草量高,它与白三叶混播,年亩产鲜草 1000~3000 千克。鸭茅抽穗前草质柔软,营养丰富,适口性好,但开花后则茎叶粗老,影响草质和再生草的产量,故须适时利用。

八、非洲狗尾草

1.特征特性

非洲狗尾草属多年生禾本科牧草。须根发达,入土较深,茎直立,分蘖多,茎秆扁圆,疏丛型。株高 1.5~2 米,叶长 50~70 厘米,宽 5~8 毫米,茎叶光滑,蓝绿色略带紫色。圆锥花序紧密呈圆柱状,分枝散开,每枝顶端生 2~5 个小穗,小穗扁平宽大,有 6~12 个小花,结实 4~8 粒。它适宜在热带、亚热带、各种土壤栽培,既抗旱,又能耐水淹。春季返青早,冬春仍可保持青绿。

2.栽 培

雨季来临后播种,与白三叶共生性好。可单播,亦适宜与豆科牧草混播,在混播草地中竞争力强,年亩产鲜草 2000 千克以上。播种前要求良好整地并施有机肥作底肥,每亩播种量单播 0.7~1千克,混播 0.3~0.4 千克,条播行距 30 厘米,播种深度 2~3 厘米,苗期注意中耕除草。单播施足氮、磷、钾肥外,基肥中还应施用硫酸铜、硫酸锌和硼砂各 0.2~0.3 千克/亩。

3.利 用

非洲狗尾草营养价值较高,草质柔软,适口性好,适宜放牧和刈割青饲,亦可晒制干草,是优质饲草,云南省已大面积种植。

羊病防治

一、羊病的综合防治

羊病防治必须认真贯彻《中华人民共和国动物防疫法》规定的"预防为主"的方针,采取加强饲养管理,搞好环境卫生,做好免疫接种和定期驱虫等综合防治措施,以取得防病灭病的良好效果,保障养羊业的顺利发展。

1. 加强饲养管理

牧草是羊的主要饲料,人工栽培牧草是发展养羊业的一条重要途径。在饲喂牧草的同时,要根据羊群的营养需要补饲一些包谷和豆类等精料,特别是对种羊,正在发育的幼龄羊,怀孕期和哺乳期的母羊尤其重要,以保证羊群具有健康的体质和较强的抗病能力。

羊的饲草饲料,应当保持清洁、新鲜,不能用发霉的饲草料喂羊,饮水也要清洁,不能用污水喂羊。

2. 搞好环境卫生

疫病的发生,与养羊的环境卫生有密切的关系,因此,羊舍、场地及用具应保持清洁、干燥,圈舍及场地上的粪便要定期清除,并堆积发酵后作肥料使用。

老鼠及蚊、蝇等昆虫能传播多种传染病和寄生虫病,要认真开展杀虫灭鼠工作,并清除羊舍周围的垃圾、乱草堆及死水坑,防止它们孳生繁殖。

建立严格的消毒制度,定期对羊舍、饲喂用具、地面土壤、粪便等进行消毒,以消灭散播在外界环境中的病原微生物,切断传播途径,阻止疫病发生和蔓延。

3. 做好免疫接种工作

传染病是由病原微生物侵入羊的身体而引起的,羊发生传染病后,通过直接接触或间接接触传染给其他羊,造成疫病的流行,如不及时防治,常引起死亡,有些急性烈性传染病,可使羊大批死亡,造成严重的经济损失。免疫接种可以使羊体产生特异性抗体,使羊群对某种传染病从易感转变为不容易感染,因此,有计划地对羊群进行免疫接种,是预防和控制羊传染病的重要措施。

免疫接种要按合理的免疫程序进行,各羊场和养羊户要根据本地的情况,确定免疫的病种,并根据各种疫苗的免疫特性、免疫保护期的长短合理地安排免疫接种的次数和间隔时间,这就是我们所说的免疫程序。

4. 定期驱虫

寄生虫病是由寄生虫寄生羊体内、外而引起的,寄生虫体对羊的器官、组织造成机械损伤,并夺取营养或产生毒素,使羊消瘦、贫血、营养不良、生产性能下降,甚至死亡。寄生虫病和传染病有相似之处,可以相互感染,使同群的多数羊发病,它们所造成的损失,并不小于传染病,对养羊业形成严重威胁。为了预防羊的寄生虫病,应根据寄生虫病季节动态调查,在发病季节到来之前,用药物给羊群进行预防性驱虫。驱虫药有多种,一般应视寄生虫种类,选择高效、广谱、低毒的药物。使用驱虫药,要求剂量准确,以保证安全有效。

防治羊体外寄生虫病,药浴是有效的措施,可在特建的药浴池内或在特设的淋浴场进行,也可用人工抓羊在大盆中逐只洗浴。

二、传染病

1. 羊口蹄疫

口蹄疫是由口蹄疫病毒引起的偶蹄动物的一种急性、热性、接触性传染病。以口腔黏膜、蹄部和乳房部皮肤发生水疱、溃烂为特征,传染性极强,广泛流行于世界各地,不仅直接引起巨大经济损失,而且影响经济贸易活动,对养殖业危害极大,被国家列为一类动物疫病。

病毒主要存在于病畜的水疱皮(液)中,在乳汁、口涎、粪便、尿液中也存在病毒。口蹄疫病毒对外界环境抵抗力强,自然情况下,含毒的病畜分泌物及被污染的草料、用具、厩舍可保持传染性1~3周,甚至几个月,一有机会侵入动物机体,便会复壮其活力而迅速繁殖、危害动物健康。保存达一年的带毒冻肉也会成为口蹄疫暴发的传染源。

症状

口蹄疫病羊体温升高、精神不振、食欲减退,常在口腔黏膜、蹄部皮肤上形成水疱、溃疡和糜烂,有时在乳房部位也可出现病变。口腔病变常在唇内面、齿龈、舌面及颊部黏膜发生水疱和糜烂、流涎。蹄部病变一般较轻。羊患病后,有时症状轻微而不被察觉、良性病例多于10~14天内康复,带毒的康复羊,在放牧过程中,常将口蹄疫传给路过的地方而引起这些地方暴发本病。个别伴有心脏变化的病例常突然死亡或死于衰竭,羔羊常因发生出血性胃肠炎和心肌炎而死亡。

流行特点与诊断

口蹄疫病毒可侵害多种动物,而以偶蹄动物易感染性高,除羊外、牛、猪、骆驼以及野生偶蹄动物也可感染发病,人对口蹄疫也具有易感性。病畜和带毒动物是主要传染源,当羊群中存在传染源时,通过直接接触或各种媒介物间接接触而引发本病,消化道和呼吸道是主要的感染途径,也可经损伤的皮肤、黏膜感染。口蹄疫四季都可以发生,常呈流行性或大流行性,并具有一定的周期性。易感动物的大批流动,污染的畜产品和饲料的转运,运输工具和饲管用具的任意流动以及兽医防疫措施执行不严等都是本病发生流行的因素。

为了确诊本病,应及时采取病羊的水疱皮或水疱液送实验室进行快速、准确的诊断,以便及时指导防治工作。

防治措施

口蹄疫病为国家规定的一类动物疫病,对人畜危害严重,需要采取紧急、严厉的强制预防控制、扑灭措施。发生口蹄疫疫情,应立即实施封锁、隔离、检疫、扑杀、消毒等综合措施,防止疫情扩散,受威胁区的易感动物进行紧急预防接种建立生物免疫带防止疫情扩散;非疫区的防疫工作必须做好检疫,必要时,可在交通要道设置检疫站,对来往运载家畜及其产品的车辆实施检疫和消毒;坚持对口蹄疫疫苗的强制免疫接种,要求易感动物免疫率在95%以上,通过几年努力,实现无口蹄疫病的目标。

2. 羊 痘

羊痘是由痘病毒科,山羊痘病毒属的羊痘病毒引起的一种急性、热性、接触性传染病。以在羊体无毛或少毛部位皮肤、黏膜发生痘疹为特征,病程为起红斑、血疹,后变为水疱、脓疱,最后干结成痂。

症 状

羊痘病毒侵入羊体后,潜伏期约1周,病羊体温升高,精神沉郁,食欲减少,结膜潮红,呼吸和脉搏加快,有浆性、黏性或脓性鼻液。先在皮肤无毛或少毛部位(眼周围、唇、鼻、乳房部、四肢及尾内侧)形成高于皮肤表面的淡红色或灰白色丘疹,后变成水疱或脓疱,如无继发感染则在几天后干结成痂块,病程一般为3~4周。

个别病例不形成水疱和脓疱,称为"石痘";有的病例痘疱内出血,呈黑色痘;还有的病例,痘疱化脓或坏死,形成深的溃疡。

流行特点

羊痘传播速度快,发病率高,病羊是主要传染源,主要经呼吸道感染,也可通过损伤的皮肤感染,被污染的用具、饲草、饲料,以及接触过病羊的饲养管理人员、外寄生虫、昆虫也可成为传播媒介,不同品种、性别、年龄的羊均可感染发病,羔羊更易感,且死亡率高。

防治措施

羊痘的防治工作主要抓好以下环节:

①加强产地和流通环节中羊只及其产品的检疫工作,把好出入关,防止疫情带入传出。

②定期进行免疫接种,使用山羊痘细胞化弱毒冻干疫苗,免疫保护期一年,可有效防止本病发生。

③羊群发生羊痘时应立即封锁疫点,隔离病羊。对尚未发病的羊只和邻近受威胁的羊群,可进行紧急预防接种或药物预防。对病羊可根据病情进行药物治疗,病死羊尸体应深埋。

药物防治

①复方硫酸庆大霉素Ⅱ号注射液(兰霸注射液),本药由主要成分硫酸庆大霉素、盐酸吗啉双、盐酸左旋咪唑及安乃近复合而成,具有解热镇痛,消炎抗病毒及增强机体免疫力等作用。

②复方甲氧苄氨嘧啶注射液(牛羊病特诊),主要成分为甲氧苄氨嘧啶、穿心莲内酯,具有消炎解毒,提高免疫力等作用。

③蒽诺沙星注射液(牛羊鹿三爽),主要成分为蒽诺沙星、乙基胆酸、绿原素等,具有抗菌消炎、抑制病毒、提高免疫力等作用。

④复方蒲公英注射液(牛羊康泰)。

⑤复方盐酸吗啉胍注射液(痘毒五号)。

⑥羊痘灵。

⑦羊用白细胞干扰素。

3. 羊传染性脓疱病

羊传染性脓疱病是由羊口疮病毒引起的一种传染病。患羊口唇部位皮肤、黏膜形成丘疹、脓疱、溃疡及疣状厚痂为本病特征，故又称"羊口疮"。

羊口疮病毒对外界环境抵抗力强、干燥痂皮内的病毒在夏季日光下经 30~60 天开始丧失传染性，散落在地面的病毒可以越冬，到第二年仍具感染性，在低温冰冻条件下保存的病料，保持毒力可达数年。但对高温比较敏感，60℃时 30 分钟即被灭活。

症 状

羊传染性脓疱病潜伏期 4~8 天，在临床上主要表现为唇型，部分表现为蹄型和外阴型，也可见混合型感染病例。

唇型病羊首先在口角、上唇或鼻镜上出现小红斑，逐渐转变为丘疹、水疱、脓疱，破溃后形成黄色或棕色疣状硬痂。良性病例1~2 周痂皮干燥、脱落后康复。严重病例，丘疹、水疱、脓疱波及到整个口唇周围及眼睑和耳廓等部位，互相融合形成大面积易出血的污秽痂垢，痂垢下肉芽组织增生，使痂垢不断增厚、嘴唇肿大外翻。有些病例口腔黏膜也发生水疱、脓疱和糜烂，使病羊采食、咀嚼和吞咽困难。伴发坏死杆菌、化脓性病原菌的病羊，引起深部组织化脓和坏死，可使病情恶化而死亡。

蹄型病羊多见一肢或数肢蹄叉、蹄冠或系部皮肤上有水疱、脓疱，破溃后形成脓液覆盖的溃疡，病羊跛行，卧地不起。如继发感染则发生化脓和坏死，也可能肺脏、肝脏发生转移性病灶，严重者多因败血症而死亡。

外阴型病羊多在肿胀的阴唇及附近皮肤上发生溃疡，乳房和乳头皮肤上发生脓疱、烂斑和痂垢。公羊囊鞘肿胀，出现脓疱和溃疡。

流行特点

羊传染性脓疱病以 3~6 月龄的羔羊发病较多,成年羊也可感染发病,病羊和带毒羊是主要传染源。不慎引入病羊或带毒羊,或者使用被病羊污染的厩舍或牧场,都会引起本病发生。病毒主要通过损伤的皮肤、黏膜感染发病,由于病毒对外界环境的抵抗力较强,一旦发生本病,可在羊群中连续危害多年。

诊 断

根据本病临床症状特征,可以作出初步诊断,但要注意和羊痘或坏死杆菌病相区别。羊痘的痘疹多为全身性,而且病羊体温高,全身反应严重;坏死杆菌病表现为组织坏死,无水疱、脓疱发生。确诊本病可通过采取水疱液、水疱皮、脓疱皮等病料送实验室作血清学检查或病原学检查。

防治措施

防治本病要以预防为主,首先引进羊时必须严格检疫,隔离观察 3~4 周,证明无病后方可混群饲养;平时加强饲养管理,防止羊的皮肤、黏膜受到损伤,减少感染机会;流行区要使用与当地流行毒株相同的羊口疮弱毒疫苗进行预防接种;病羊可先用水杨酸软膏软化痂垢,除去痂垢后用高锰酸钾水冲洗,洗净后涂碘甘油或土霉素软膏,每天 2 次直至痊愈。

4.山羊关节炎—脑炎

山羊关节炎—脑炎是由山羊关节炎—脑炎病毒引起的山羊的一种慢性传染病,主要特征为成年山羊呈缓慢发展的关节炎,间或伴发间质性肺炎或间质性乳房炎;而 2~6 月龄的羔羊则呈上行性麻痹的脑脊髓炎症状。本病分布在世界很多国家。我国最早于 1982 年从英国进口的种羊中发现本病。

症 状

脑脊髓炎型多发生于 2~6 月龄山羊羔,也可发生于较大年龄的山羊,潜伏期 2~4 个月,病初羊精神沉郁、跛行、一肢或数肢麻痹,共济失调,卧地不起,四肢划动。有的病羊眼球震颤,头颈歪斜或作圈行运动。有的病羊面神经麻痹,吞咽困难或双目失明。少数病例兼有关节炎或肺炎症状。病程可达数月至数年,最终死亡。

临床上主要表现为关节炎型和脑脊髓炎型。

脑脊髓炎型多发于羔羊,也可发生于较大年龄的山羊。潜伏期2~4个月,病初羊精神沉郁、跛行、一肢或数肢麻痹,共济失调,卧地不起,四肢划动。有的病羊眼球颤动,头颈歪斜或作圈行运动。有的病羊面神经麻痹、吞咽困难或双目失明。少数病例兼有关节炎或肺炎症状,病程可达数月至数年,最终死亡。

关节炎型多发生于成年山羊,多见四肢关节肿大,发炎关节周围软组织水肿、发热、波动、疼痛敏感,随之关节肿大,活动不便,常见前肢跪地。个别病羊有支气管淋巴结和纵膈淋巴结肿大。病羊病程较长,可达一年以上,最后,多因长期卧地、衰竭或继发感染而死亡。

个别病例呈肺炎型,病羊进行性消瘦、咳嗽、呼吸困难、肺部叩诊有浊音,听诊有湿啰音。哺乳母羊有时发生间质性乳房炎。

流行特点

山羊是本病的易感动物,绵羊不感染。病羊和隐性带毒羊是主要传染源,感染羊通过唾液、呼吸道分泌物、乳汁、阴道分泌物和粪便排毒。被污染的环境、草料、饮水、用具可成为传播媒介。消化道是主要的感染途径,羔羊则主要通过吃奶而感染。各种年龄的羊均易感,成年羊感染发病较多。感染羊在良好的饲养条件下,多呈隐性感染,只有通过血清学检查才被发现。当饲养条件不良、长途运输等环境应激因素刺激时,隐性感染羊只即表现出临床症状。

防治措施

引入山羊要坚持严格检疫,引入后必须隔离观察饲养,定期复查,确认健康后,才能转入正常繁殖饲养或投入使用。最好自繁自养,防止本病由外地传入。

加强饲养管理,对羊群定期进行检疫监测,及时淘汰血清学反应的阳性羊。

5. 羊传染性胸膜肺炎

羊传染性胸膜肺炎是由支原体引起的羊的一种高度接触性传染病,以发热、咳嗽、肺炎和胸膜炎为特征。

病原为丝状支原体山羊亚种,对理化作用的抵抗力较弱,在腐败材料中可存活3日,在干粪中可存活8天,在50℃时40分钟被杀死,但在低温条件下可存活数月,对红霉素高度敏感,四环素和氯霉素对它有较强的抑制作用。

症 状

本病潜伏期18~20天,病初体温升高,精神沉郁,食欲减退。随即咳嗽,有浆性或脓性鼻漏,甚至呈铁锈色。肺部听诊有水泡音和胸膜摩擦音,叩诊肺部有浊音区,压迫胸壁时表现疼痛,怀孕母羊可发生流产,病羊在濒死前体温下降,病程为10天左右。急性病例不死转为慢性,病情逐渐好转,间有咳嗽、流鼻液、腹泻和消瘦等表现,病程可达数月,当饲养管理不良时,病情仍可恶化并导致死亡。

流行特点

病羊的肺组织和胸腔渗出液中含有大量的病原体,因此病羊为主要传染源,感染羊在相当长的时期内也可成为传染源,主要经过呼吸道分泌物排菌,并通过空气传播,阴雨天气、寒冷潮湿、营养缺乏、羊群密集拥挤等不良因素容易诱发本病。

防治措施

①坚持自繁自养,加强饲养管理,增强羊的体质和抗病力。必须引进羊只时,应隔离饲养观察一个月,确认无病后方可混群饲养。

②本病流行区要坚持免疫接种,每年用山羊传染性胸膜肺炎

氢氧化铝灭活疫苗,对半岁以下羊皮下或肌肉注射 3 毫升,半岁以上羊注射 5 毫升。免疫保护期一年。

③羊群发病,应及时隔离治疗,被污染的场地、厩舍、用具以及粪便、病死羊尸体等要进行彻底消毒或无害化处理。

④治疗可选用蒽诺沙星、泰乐菌素、土霉素、氯霉素等药物,也可使用磺胺类药物进行治疗。

6. 羊炭疽

炭疽病是由炭疽杆菌引起的一种人畜共患的急性、热性、败血性传染病。各种家畜和人均易感染,家畜炭疽多呈败血症经过,病死率很高。人感染炭疽多因接触病畜或食用病畜肉引起,多发生皮肤型痈肿,病死率较低,个别病例伴有水肿经过,则病死率较高。

炭疽杆菌对外界环境具有很强的抵抗力,被炭疽杆菌芽孢污染的厩舍、牧场土壤,可成为炭疽病的永久性疫源地。

流行特点

各种家畜及人对炭疽病都有易感性,羊的易感性高。病羊是主要传染源,病羊体内及其排泄物,分泌物和尸体中,均存在大量的炭疽杆菌。本病主要经消化道感染,也可经呼吸道、皮肤感染,吸血昆虫、特别是虻类在叮咬羊只时可传播本病。炭疽病多发于夏季,呈散发或地方性流行。

症 状

羊炭疽病多为最急性过程,突然发病,病羊倒地昏迷、痉挛、瞳孔散大、磨牙、呼吸困难,天然孔流出带有气泡的黑红色血液,随即死亡。急性型病程稍长,开始兴奋不安,行走摇摆,呼吸急促,心跳加速、黏膜发绀,后期全身痉挛,天然孔流血,多在数小时后死亡。

病死羊尸体迅速腐败、臌胀,天然孔出血,血液呈酱油色煤焦油样,凝固不良,尸僵不全。

防治措施

①发生过炭疽的地区或受威胁区，每年应进行预防接种,山羊最好使用Ⅱ号炭疽芽孢苗,皮下注射1毫升。

②炭疽病发病急、死亡快,临床诊断比较困难,对疑似炭疽病死亡的羊尸,为了防止扩大传染,污染场地,严禁解剖。发生炭疽病疫情,应立即报告,确诊后,划定疫点、疫区,封锁、隔离治疗病畜;死羊烧毁深埋,病羊粪便、垫草及污染的草料也要全部焚烧;污染的场地、用具,用10%氢氧化钠或20%漂白粉连续消毒3次,每次间隔1小时。

③病羊治疗可采用特异血清疗法结合药物治疗,方法是:a. 皮下或静脉注射抗炭疽血清30~60毫升,必要时12小时后再注射一次。b. 炭疽杆菌对青霉素敏感,按每千克体重1.5万~2万单位,每8~12小时注射1次,直到体温下降至正常后,再继续注射2~3天。

④染病羊群在除去病羊后,全群用青霉素注射3天,有一定预防作用。

7. 布氏杆菌病

布氏杆菌病是由布氏杆菌引起的人、畜共患的慢性传染病,不仅感染各种家畜,而且容易传染给人。羊感染后,以母羊发生流产和公羊发生睾丸炎为特征。

流行特点

布氏杆菌在土壤、水中和皮毛上能存活数月,一般消毒药能很快将其杀死。母羊较公羊易感,主要经消化道感染,也可经配种感染,羊群染本病后,主要表现是孕羊流产,流产多发生在怀孕后的3~4个月,有时病羊发生关节炎而出现跛行,公羊可发生睾丸炎。

如果羊群中有大批怀孕母羊流产,应怀疑有布氏杆菌病发生,但确诊仍要依靠实验室作病原学、血清学及变态反应后,才能作出正确诊断。

防治措施

布氏杆菌病由于无治疗价值,一般不予治疗,主要是防止羊群免受本病侵入,主要措施是定期对羊群进行检疫,发现阳性或可疑反应的羊只及时隔离,30天后重检仍为阳性或可疑反应者,应淘汰屠宰,对被污染的用具和场所彻底消毒,流产胎儿、胎衣、羊水和产道分泌物应深埋。为增强羊群抵抗力,可使用布氏杆菌猪型2号苗或羊型5号苗进行预防接种。

在流行区有可能接触感染布氏杆菌病的人员,应定期进行检查,并进行免疫接种,以免感染本病。

8. 李氏杆菌病

李氏杆菌病是由单核细胞增多症李氏杆菌引起的人畜共患传染病,病羊神经系统紊乱,面部麻痹,表现转圈运动,所以又称"转圈病"。

李氏杆菌在土壤、粪便中可存活数月,对食盐耐受性强,对热的耐受性比大多数无芽孢杆菌强,65℃经30~40分钟才能杀死,但一般消毒剂可灭活。对链霉素、氯霉素、四环素和磺胺类药比较敏感。

症状

病羊短期发热,病初体温升高至40.5~41.5℃,1~2天降至常温,精神沉郁,食欲减退,多数病例表现脑炎症状,转圈、倒地、四肢作游泳状,颈强直,身体颤抖,怀孕母羊可出现流产,羔羊常呈急性败血症而死亡。

流行特点

本病的易感动物范围广,各种家畜、家禽和野生动物均可感染发病,本菌在自然界分布很广,多种动物是本菌的储存宿主,传染源主要是患病和带菌动物,主要通过消化道、呼吸道及破损的皮肤传播,发病率低,多呈散发,偶尔呈暴发流行,病死率高。

病理变化

有神经症状的病羊,脑及脑膜充血、水肿、脑脊液增多浑浊,血液和组织中单核细胞增多。流产的母羊子宫内膜充血及广泛坏死,胎盘子叶水肿坏死。

诊　断

从病羊特殊的神经症状、母羊流产、血液中单核细胞增多,病死率高等特点,并采取病羊的血液、肝、脾、胃、脑脊髓液等作触片或涂片、革兰氏染色镜检,如见革兰氏染色阳性,镜检发现单个或"V"形排列的小杆菌,可作出初步诊断。必要时,应通过实验室作细菌培养,动物接种或荧光抗体染色等方法进一步确诊。本病应与具有神经症状或流产症状的其他疾病相区别。

防治措施

李氏杆菌病常用链霉素或四环素治疗,病初大剂量应用,常有良好的治疗效果,病羊有神经症状时,可对症治疗,肌肉注射盐酸氯丙嗪,每千克体重用 2~3 毫克。预防本病应注意羊舍的清洁卫生,灭鼠驱虫,加强饲养管理,发现病羊,应立即隔离治疗,严格消毒,病羊尸体要深埋,防止疫情扩散蔓延。

9. 山羊伪结核病

山羊伪结核病是由伪结核棒状杆菌引起的一种接触性、慢性传染病,病羊浅部淋巴结发生脓肿,破溃后流出干酪状脓汁,有时在肺、肝、脾等处发生大小不等的结节,内含干酪样物质。

在自然环境中伪结核棒状杆菌能存活很长时间,但对高温及多种消毒剂比较敏感。伪结核棒状杆菌存在于病羊肠道内和皮肤上及被污染的土壤中,经创伤感染。

症　状

本病在羔羊中少见,随年龄增长发病数增多,发病初期,病羊在感染部发生炎症,波及邻近淋巴结后,淋巴结增大、化脓,开始脓液较稀,逐渐变为干酪样。如体内淋巴结和内脏发生病变时,病羊呼吸加快,伴有咳嗽,逐渐消瘦,最后可因衰竭而死。剖检病羊尸体,可见头、肩前、股前和乳房等浅部淋巴结肿大,内含干酪样坏死物,也可在肝、肺、脾、肾和子宫角等处发现脓肿。

防治措施

①发现体表淋巴结肿大的病羊应迅速隔离。

②对被脓液污染的场所、器具彻底消毒。

③病羊脓肿按外科常规连同包膜整块摘除,对有全身症状的病羊,可用青霉素、四环素等药物治疗。

④平时做好皮肤和环境的清洁卫生工作,皮肤损伤要及时处理,防止感染。

10. 羔羊大肠杆菌病

羔羊大肠杆菌病是致病性大肠杆菌引起的一种幼羔急性、致死性传染病,其特征是剧烈的腹泻和败血症。

病 原

大肠杆菌对外界不利因素抵抗力不强。60℃15分钟即死亡,一般常用消毒剂均易将其杀死。

致病性大肠杆菌与正常寄居在羊肠道内的非致病性大肠杆菌在形态、染色等方面无差别,但抗原结构不同,致病性毒株能够产生内毒素和肠毒素而引起羔羊发病。

流行特点

多发生于数日至6周龄的羔羊,但3~8月龄羊也有发生,呈地方性流行或散发,诱发原因主要是气候变化、营养不良及饲养场地潮湿污秽,经消化道感染。

症 状

潜伏期1~2天,临床表现为败血及下痢。

败血型:多发生于2~6周龄羔羊、病羊体温41~42℃,病羔很快发生虚脱和神经症状,有轻微腹泻或不腹泻,个别出现关节炎,病羊多于4~24小时内死亡。

下痢型：多发生于 2~8 日龄新生羔羊,病初病羔体温升高,出现腹泻后体温下降,粪便呈半液体状,带有气泡,有时混有血液,病羔腹痛、虚弱、脱水,不能起立,如不及时治疗,多数于 1~3 天死亡。

防治措施

①加强孕羊的饲养管理,保证营养供给,定期运动,使新生羔羊健壮、抗病力强。

②改进羊舍环境卫生条件,保持产栏和羊舍清洁、干燥,并定期消毒。

③加强羔羊的饲养管理,尽早让羔羊吃到足够初乳,提早补饲、增加营养。

④预防接种,可用当地流行的菌株制成菌苗给新生羔羊注射或口服,或使用我国研制的福尔马林大肠杆菌苗,1~3 月龄羔羊皮下注射 0.5~1 毫升,3 月龄以上的羊皮下注射 2 毫升。

⑤大肠杆菌对抗菌素、磺胺类和呋喃类药物都比较敏感,但必须配合护理和其他对症疗法,才能收到较好的治疗效果。

11. 羊坏死杆菌病

坏死杆菌病是一种慢性传染病,在临床上表现为皮肤、皮下组织和消化道的坏死,有时也可在脏器上发现转移性坏死灶。

坏死梭杆菌对热及常用消毒药敏感,但在污染的土壤中能长时间存活,常存在动物的粪便、死水塘和土壤中,通过损伤的皮肤和黏膜使羊感染本病,多发于多雨季节和低洼潮湿地区,多为散发或地方性流行。

症 状

坏死梭杆菌常侵害病羊蹄部,引起腐蹄病,多为一肢患病,开始时发现跛行,蹄间、蹄冠出现红肿、发热,而后溃烂,肿烂部有发臭的脓液流出,随后可波及到腱、韧带和关节,有时会出现蹄匣脱落。轻症病例能自然康复,重症病例应及时治疗,否则引起内脏形成转移性坏死灶而死亡。

防治措施

加强饲养管理,保持羊圈的干燥,避免发生外伤,一旦发生外伤,及时处理,可以有效预防羊坏死杆菌病。

清除患部坏死组织,可用3%来苏儿或1%高锰酸钾冲洗,或用5%福尔马林、10%硫酸铜溶液进行脚浴,然后用抗菌素软膏涂抹,并用绷带包扎患肢。发生转移性病灶,应进行全身治疗,注射磺胺嘧啶或土霉素,并应用强心剂和解毒药,可促进病羊康复,提高治愈率。

12. 肉毒梭菌中毒症

肉毒梭菌中毒症是由于食入肉毒梭菌毒素而引起的畜、禽急性致死性疾病。

肉毒梭菌芽孢广泛分布于自然界,在腐败尸体和腐烂饲料中含有大量的肉毒梭菌毒素,所以在各地都可发生,只要食入霉烂饲料、腐败尸体或被毒素污染的饲料、饮水就会引起畜、禽发病。

症 状

病羊发病后表现精神亢奋,共济失调,步态僵硬,行走时头偏向一侧或作点头运动、流涎、有时出现浆性鼻涕、腹式呼吸,最后因呼吸麻痹而死亡。病羊尸剖检一般无特异变化,有时可在胃内发现骨片、木石等异物,说明该羊有异嗜癖。咽喉、胃肠黏膜、心内外膜可能有出血点,脑膜可能充血,肺可能发生充血和水肿。

诊 断

通过调查发病原因和发病经过,结合临床症状和病理变化,可以作出初步诊断。确诊必须取可疑饲料、饮用水或病羊胃内容物作毒素试验,以检查饲料、饮用水或羊尸内有无肉毒梭菌毒素存在。

防治措施

肉毒梭菌中毒症病死率高,因此,平时应加强饲养管理,注意环境卫生，在羊舍或放牧地如发现动物尸体和残骸应及时清除，不用腐败饲料喂羊。舍饲中,饲料应注意添加食盐、钙、磷及其他微量元素,防止羊只发生异嗜癖。发现本病时,应及时查明毒素来源,予以清除。

病羊可使用泻剂和灌肠,帮助其排出体内毒素,个别体温升高的病羊,可注射抗菌素或磺胺类药,防止肺炎等并发症发生。

13. 羊快疫

羊快疫是由腐败梭菌经消化道感染的一种急性传染病,以突然发病、病程短、真胃出血性炎性损害为特征。

发病羊主要经消化道感染,腐败梭菌常以芽孢形式存在于自然界,特别是潮湿、低洼地带,羊在采食污染的饲草或饮水后,芽孢随之进入消化道,在外界环境突变时,羊体抵抗力下降,腐败梭菌即大量繁殖,并产生外毒素,使消化道黏膜发炎、坏死,使病羊中毒性休克迅速死亡。

症　状

病羊往往来不及表现临床症状突然死亡,常见在放牧时死于牧场或早晨发现死于厩内。病程稍长者,表现精神沉郁,不愿行走,腹痛、腹深长、磨牙抽搐,运动失调,最后倒地昏迷、口流带血泡沫,于数小时内死亡。病羊尸体迅速腐败臌胀,剖检可见黏膜充血呈暗紫色,可见真胃出血性炎症,胃底部黏膜有出血点及坏死灶。肠道内充满气体,并有充血、出血、坏死或溃疡,心内外膜有点状出血。

诊　断

羊快疫由于病程短,突然死亡,临床诊断比较困难,但羊快疫多发于秋冬和早春及低洼潮湿地区,气温突降或阴雨连绵多为本病诱因,特别是采食带霜的草料时多发。

防治措施

常发病地区,每羊定期接种"羊快疫、肠毒血症、羊猝击"三联苗,皮下或肌肉注射 5 毫升,注苗后 14 天产生免疫力,保护期 6 个月。加强饲养管理、霜期放牧不要过早,避免采食霜冻草料。发病时及时隔离病羊,病羊病程稍长者,可肌注青霉素或内服磺胺类药物。也可内服 10%~20%石灰乳 500~1000 毫升,连服 1~2 次。

14.羊肠毒血症

羊肠毒血症是由 D 型魏氏梭菌在羊肠道内大量繁殖后,产生外毒素,造成患病羊急性死亡的一种急性毒血症。病羊死后肾脏软如泥样,故又称"软肾病"或"类快疫"。

D 型魏氏梭菌常存在于土壤和污水中。羊在采食被芽孢污染的饲草或饮水,芽孢进入消化道,当饲料突然改变,特别是从吃干草改为青嫩多汁或富含蛋白质的草料之后,致使羊的消化功能紊乱,D 型魏氏梭菌在肠道迅速繁殖,产生大量外毒素,毒素进入血液,引起全身毒血症,发生休克而死亡。

症 状

本病发生突然,病羊腹痛、腹胀、腹泻,排出黄褐色水样稀粪,病羊全身颤抖,头颈后仰,口鼻流出泡沫状液体。体温一般不高,血糖和尿糖高于正常值。防治措施参考羊快疫。

15. 羊猝击

羊猝击是由 C 型魏氏梭菌引起的一种毒血症,临床上以急性死亡,腹膜炎和溃疡性肠炎为特征。

在低洼、潮湿地区和冬春季节,C 型魏氏梭菌随污染的饲料和饮水进入羊的消化道,在小肠特别是十二指肠和空肠内繁殖,引起羊只发病。

症 状

羊猝击病程短,多未见症状而突然死亡,有时仅见病羊表现不安,卧地不起,全身痉挛,数小时内衰竭而死。防治措施参考羊快疫。

三、寄生虫病

1. 肝片吸虫病

肝片吸虫病是羊的主要寄生虫病之一,是由肝片吸虫寄生于羊的肝脏、胆管引起急性或慢性肝炎、胆管炎,造成病羊消瘦、营养障碍,甚至死亡。本病除感染羊外,还可感染牛、猪、马等多种家畜。

肝片吸虫的成虫寄生于羊的胆管内,虫卵随胆汁进入消化道,并与粪便一同排出体外,在适宜的温度、湿度等条件下,经 10~20 天孵化出毛蚴,毛蚴一般在水中可生存 1~2 天,其生存期间如遇上中间宿主椎实螺,则进入其体内,经过胞蚴、雷蚴等阶段发育,最后形成尾蚴,从螺体出来后,附着于水生植物或水面上形成囊蚴,羊在饮水或吃草时吞下囊蚴即被感染,囊蚴进入羊体 3~4 个月后,发育为成虫,大多数成虫 1 年左右自行排出体外,有的成虫可在羊体内生存 3~5 年。

临床表现

当羊感染肝片吸虫 50 条左右就会出现明显症状,羔羊轻度感染时即可表现症状。急性型病羊,病初发热、衰弱、易疲劳、黏膜苍白、贫血、肝区压痛明显,严重的数日内死亡。耐过急性期或轻度感染的病羊转为慢性,病羊食欲减退、被毛粗乱、黏膜苍白、消瘦贫血、眼睑、胸前及腹下出现水肿,便秘与下痢交替发生,最终极度衰弱而死。

剖检病死羊,在肝脏可发现明显病变,肝肿大,被侵害部位出现淡白色瘢痕,肝硬化、退色、胆管肥厚,内有虫体和污浊液体,胸腔腹腔及心包有积液。

防治措施

防治肝片吸虫病首先要加强饲养管理,保证饮水清洁,以减少感染机会；及时清除羊圈内的粪便并堆积发酵，以杀死粪便中的虫卵；肝片吸虫的中间宿主椎实螺生活在低洼阴湿地区，要结合水土改造，搞好环境卫生，破坏椎实螺的生活条件；定期驱虫，每年两次，分别在春季和秋末进行，丙硫咪唑、三氯苯咪唑、硝氯酚、五氯柳胺、碘醚柳胺等多种药物可选择使用，最好在兽医指导下进行。

2. 羊绦虫病

羊绦虫病是由莫尼茨绦虫、曲子宫绦虫等多种绦虫寄生于羊的小肠引起的寄生虫病，其中以莫尼茨绦虫危害最为严重。

寄生于羊小肠的绦虫成虫，它们的孕卵节片或虫卵随粪便排出后，在中间宿主地螨体内发育为似囊尾蚴，而羊在采食牧草时，吃进了混在饲草中含有似囊尾蚴的地螨后，似囊尾蚴在进入羊的小肠后，附着在肠壁上逐渐发育成成虫。

临床表现及诊断

病羊食欲减退、被毛粗乱、常躺卧不起，消瘦贫血，粪便中有时混有虫体节片，病羊偶可出现转圈、头向后仰等神经症状，若虫体过多阻塞肠管，可引起腹痛和肠臌胀，病羊后期仰头倒地，对外界反应消失，衰竭而死。剖检病死羊可在小肠中发现绦虫虫体，其寄生处有炎症、肠系膜、肠黏膜和肾脏、肝脏可见增生性病变、心内膜和心包膜有出血点。

定期检查羊粪便，看是否混有绦虫虫体节片，必要时可将粪便送实验室进行虫卵检查。也可对可疑羊群进行诊断性驱虫，如服药后发现排出虫体或症状明显好转，即可作出诊断。

防治措施

氯硝柳胺：按羊每千克体重 60~70 毫克，一次口服。

别丁：按羊每千克体重 80~100 毫克，一次口服。

溴羟替苯胺：按羊每千克体重 65 毫克，一次口服。

也可选用丙硫苯咪唑、硫苯咪唑、吡喹酮、六氯酚等驱虫药，对羊绦虫病都有较好治疗效果。

3. 羊消化道线虫病

羊的消化道线虫种类很多,有捻转血矛线虫、奥斯特线虫、仰口线虫和食道口线虫,它们引起的疾病症状大致相似,其中以捻转血矛线虫、奥斯特线虫危害较为严重,常给养羊业造成严重损失。

羊的各种消化道线虫在发育过程中不需要中间宿主,幼虫在外界的发育不受制约。

线虫的虫卵随粪便排出体外后,在外界适宜条件下,约经 4~5 天孵化出第一期幼虫,经过两次蜕皮后发育成感染性幼虫,羊在吃草或饮水时吞食感染性幼虫而被感染。

仰口线虫的感染性幼虫除能通过口腔感染外,还能直接钻入皮肤发生感染。感染性幼虫进入羊体后,在它们的特定寄生部位进行两次蜕皮后,逐渐发育为成虫。而食道口线虫的感染性幼虫进入羊体后,先要钻入肠壁,经过短时间的生长发育,再回到大肠内腔发育为成虫。

临床表现

消化道线虫病的主要临床表现为消化紊乱, 胃肠道发炎、腹泻或便秘、消瘦贫血,少数病例体温升高,严重病例下颌间隙和下腹部水肿,病羊最后因极度衰弱而死亡。

病死羊尸体消瘦、贫血、内脏显著苍白。真胃黏膜水肿,有时可见虫咬痕迹;小肠和盲肠黏膜有卡他性炎症;大肠可见黄色小点状结节以及肠壁上遗留下的瘢痕性斑点。消化道各部位可发现数量不等的相应寄生线虫。

防治措施

预防羊消化道线虫病首先要加强饲养管理,提高羊的抗病能力,饮用干净的流水或井水,放牧应尽可能避开低湿地,避开感染性幼虫活跃的清晨和傍晚,以减少感染机会,粪便堆积发酵,以杀死虫卵。每年秋末春初给羊群进行预防性驱虫。

①丙硫咪唑:按羊的每千克体重 5~10 毫克,一次口服。

②左咪唑:按羊的每千克体重 5~10 毫克,口服或皮下、肌肉注射。

③精制敌百虫,按绵羊每千克体重 80~100 毫克,山羊每千克体重 60~80 毫克,口服。

④甲苯唑:按羊每千克体重 10~15 毫克,口服。

⑤伊维菌素:羊每千克体重 0.2 毫克,皮下注射。

4. 羊肺线虫病

羊肺线虫病是由丝状网尾线虫寄生在羊的呼吸道引起的以支气管炎和肺炎为主要症状的疾病,可造成羊群尤其是羔羊大批死亡。

雌虫在羊支气管内产卵,卵产出时其中已包含有发育成形的幼虫,虫卵上行至咽部,当羊咳嗽时,虫卵和黏液一起落入口内而进入消化道,在消化道孵化出第一期幼虫,并随粪便排出体外,在外界适宜条件下,经 6~7 天发育为感染性幼虫,存在于草场、饲料或饮水中,这一期幼虫能在潮湿地带生存几个月,羊在吃草或饮水时吞食感染性幼虫而感染。幼虫进入肠系膜淋巴结后,经淋巴液循环到达心脏,又随血流到达肺脏,幼虫从肺毛细血管内钻出来,移行到肺泡、小支气管,最后到达支气管内发育为成虫。成虫寄生在支气管内,吸血、刺激黏膜,可引起卡他性支气管炎。炎症向支气管周围组织扩散,炎症形成的分泌物常使细支气管和肺泡堵塞,可造成细菌性继发感染,发生肺炎。

临床表现

羊群感染肺线虫后,首先个别羊干咳,然后是成群的咳嗽,运动时和夜间尤其显著,有时咳出含有成虫、幼虫及虫卵的黏稠分泌物,呼吸急促而困难,鼻孔中排出的黏稠分泌物干涸后形成鼻痂,使呼吸更加困难。病羊被毛粗乱,食欲减退、体形消瘦,后期头部、胸前和四肢可能发生水肿,最后因极度衰竭而死。

剖检可见有不同程度的肺膨胀不全和肺气肿,肺表面隆起、触摸时有坚硬感,支气管中有黏性或脓性分泌物,气管和支气管可发现寄生的肺线虫。

防治措施

预防羊肺线虫病应采取综合防治措施,每年对羊群进行两次普遍驱虫;饮用流动水或井水,冬季应予适当补饲,补饲期间,隔日在饲料中加入硫化二苯胺,按成年羊每只 1 克、羔羊每只 0.5 克,让羊自由采食,以减少感染;羔羊与成年羊分开放牧,有条件的地方可实行轮牧;发现病羊及时隔离治疗。

①氰乙酰肼:口服剂量羊每千克体重 17 毫克;皮下或肌肉注射剂量羊每千克体重 15 毫克,宜现配现用,每只羊最大剂量不超过 1 克。

②海群生:按羊每千克体重 20 毫克,口服,本药对感染早期童虫疗效好。

③苯硫咪唑:按羊每千克体重 5 毫克,口服。

另外,左咪唑、丙硫咪唑也可收到较好疗效。

5. 羊螨病

羊螨病是由疥螨和痒螨寄生在羊体表而引起的慢性寄生性皮肤病,具有高度传染性,一旦发生,在短期内可使整个羊群严重感染,危害极大。

病　原

疥螨:虫体很小,长 0.2~0.5 毫米,呈圆形,肉眼不易看见,寄生在皮肤角化层下,虫体不断在皮内挖凿隧道,并在隧道内不断发育和繁殖。

痒螨:虫体呈长圆形,长约 0.5~0.9 毫米,肉眼可见,寄生在皮肤表面,常聚集在病变部与健康皮肤的交界处。

生活史

疥螨和痒螨的全部发育过程都在宿主身体上完成,全部发育过程包括虫卵、幼虫、稚虫、成虫四个阶段,疥螨完成一个发育周期约需 8~15 天,痒螨完成一个发育周期约需 10~12 天。本病的传播是通过健康羊与病羊直接接触,或通过被螨及其虫卵污染的厩舍、用具等间接接触而感染发病。

流行特点

螨病主要发生于秋末至来年春初,发病时,疥螨病多始发于嘴唇、口角、鼻面、眼圈和耳根部,并逐渐向周围蔓延;痒螨病多始发于背部、臀部及尾根部,并向体侧蔓延。春末至秋初,尤其在夏季,羊群换毛、皮肤温度高、湿度小、通气条件良好,常引起疥螨和痒螨大量死亡,羊病患部也长出新毛,表面看似已痊愈,其实残存的疥螨和痒螨已潜藏在皮肤皱褶或隐蔽的部位,秋后条件适合,很容易复发。

临床表现

本病初发时,因虫体的刚毛和分泌的毒素刺激病羊末梢神经,引起剧痒,使病羊不断在厩舍墙壁、栏柱等处擦痒,由于病羊的摩擦和互相嘴咬,患部出现丘疹、水泡,甚至脓包,以后形成痂皮和龟裂。病羊因剧痒而烦躁不安,时时啃咬和摩擦病部,影响正常的采食和休息,日渐消瘦,最后因极度衰竭而死亡。

诊 断

对螨病的诊断要根据临床症状并结合流行情况加以分析,同时可以刮取皮肤组织查找病原,刮取皮屑要选择病变皮肤和健康皮肤交界处,这个地方螨虫较多。刮取皮屑时,先在刀刃上蘸取液体石蜡或 50%甘油水溶液,刮时要深刮,直到见血为止,刮后,将黏附在刀刃上的皮屑直接涂在载玻片上,加少许 50%甘油水溶液,在显微镜上用低倍镜检查,可发现活螨。无此条件,亦可将刮取物放在平皿中,把平皿稍微加热或在日光下照晒后,将平皿放在黑色背景下,用放大镜仔细观察有无螨虫在皮屑间爬动即可确诊。

防治措施

预防螨病首先要加强检疫工作,防止购进病羊。对新购入的羊应隔离饲养,确认无螨病时再混群;经常保持厩舍卫生、干燥、通风、透光,定期对厩舍和用具清扫和消毒;每年定期对羊群进行药浴,可取得预防和治疗的双重效果,药液可选用 0.05% 双甲脒溶液、0.5% 敌百虫水溶液、0.03% 林丹乳油水溶液等; 可疑病羊及时隔离,确认为病羊要及时治疗。

治疗螨病可选用下列药物:

①二嗪农:为新型有机磷杀螨剂、用 25% 二嗪农溶液 1 毫升加水 1000 毫升,涂刷或喷洒、也可用于药浴。

②伊维菌素或阿维菌素,不仅对螨虫,而且对大部分线虫都有良好疗效。

此外,还可应用林丹、双甲咪、溴氰菊酯等药物涂刷或喷洒。

四、普通病

1. 羊口炎

羊的口炎是口腔黏膜表层和深层组织的炎症,多由外伤引起,采食中,被尖锐的植物枝杈,秸秆刺伤口腔而发病,也可因接触强酸、强碱损伤口腔黏膜而发病。

症 状

口炎病羊采食减少或停止,口腔黏膜潮红、肿胀、疼痛、流涎。病情严重者可见口腔出血、糜烂、溃疡。如发生感染则有体温升高等全身反应。

霉菌性口炎,有采食发霉饲料的病史,除口腔黏膜症状外,还表现腹泻、黄症等。

过敏性口炎,多与采食或接触某种过敏物质有关,除口腔症状外,在鼻腔、乳房、肘部和股内侧等处或见充血,溃烂、结痂等变化。

羊口疮、羊痘、口蹄疫等传染病也会在口腔出现病变,应注意区别上述传染病和普通口腔炎,作出正确诊断。

防治措施

加强饲养管理,防止因口腔受伤而发生口炎。发生口炎时,可用0.1%高锰酸钾溶液或2%食盐水冲洗;口腔发生糜烂时,可用2%~5%蛋白银溶液或2%明矾溶液冲洗,发生溃疡时可用碘甘油涂擦。

出现继发感染全身反应明显时,可用青霉素80万~160万单位,链霉素100万单位,一次肌肉注射,每天两次,连用3~5天。亦可服用磺胺类药物。

对病羊要加强护理,饲喂多汁、柔软的饲草,为防止口炎的发生和蔓延,可用2%碱液定期刷洗饲槽。

2. 急性瘤胃臌气

急性瘤胃臌气是由于羊食入了大量发酵的草、料,迅速产生大量气体而发生的前胃疾病。采食大量的豆科牧草或饲喂发霉变质的草料是主要发病原因,前胃弛缓、瘤胃积食和创伤性网胃炎也能引起继发性瘤胃臌气。

症　状

常突然发作,病羊表现不安,食欲、反刍与嗳气完全停止,低头弓背,回视腹部,左腹肷部胀满并向外突出,其程度常可高出肠骨外角线或背线。肷部皮肤紧张,叩诊呈鼓音或金属音。因横膈膜被向前推进,表现呼吸困难并呈明显的胸式呼吸。常由于窒息、瘤胃或横隔膜破裂而死亡。

防治措施

加强饲养管理,不要饲喂发霉或腐败饲料,不在雨后或有露水、霜的草地上放牧。发病以后,要立即进行治疗。

治疗原则

排气止酵,清理胃肠。

①把病羊牵到倾斜的坡地,使其头部向上,前身提高,用一小木棒夹于口中,木棒上涂以松焦油或食盐,诱发病羊嗳气或呕吐。

②插入胃导管排出气体,缓解腹部压力。

③用5%的碳酸氢钠溶液1500毫升洗胃,以排出气体中的酸败胃内容物。

④用石蜡油100毫升,鱼石脂2克,酒精10~15毫升加水500毫升,一次内服。或用氧化镁30克,加温水300毫升,一次内服。

⑤必要时,可施行瘤胃穿刺术放气或注入制酵防腐剂,术部在左肷部,肠骨外角和最后肋骨的中间,术部剪毛消毒后,术者用拇指压迫左肷部中心点,使腹壁紧贴瘤胃壁,用兽用套管针或16号长针头垂直刺入腹壁并穿透瘤胃胃壁放气,在放气时紧压腹壁,勿使腹壁与瘤胃胃壁离开,放气须徐徐进行,同时边放气边下压,防止胃液漏入腹腔,引起腹膜炎。在施行穿刺术放气后,为了制酵可通过穿刺孔投入制酵剂。制酵剂可选用蓖麻油100毫升,鱼石脂2克,酒精10毫升,加水适量,一次投服。

⑥中药治疗可选用莱菔子30克、山楂20克、木香20克、陈皮10克、枳壳10克、槟榔10克、车前子10克、木通10克,加水煮沸1小时,去渣后一次投服。

3.创伤性网胃炎

创伤性网胃炎是由于羊在采食时,不慎将饲料中的金属物及其他异物带入胃内,其中最危险的是尖锐的金属物品,如钢丝、铁丝、缝针、发卡、锐铁片等,尖锐异物进入瘤胃后,由于网胃位置较低,胃壁蠕动活泼,一般沉重的金属物很快便进入其中,网胃收缩时,异物刺破胃壁而形成创伤性网胃炎。如果异物经横膈膜刺入心包,则发生创伤性网胃心包炎,异物穿透胃壁后,有时可损伤肝、脾、肺等脏器,此时可引起损伤脏器的化脓性炎症及腹膜炎。

症 状

病羊常从瘤胃弛缓开始,食欲减退或消失,出现定期性或慢性瘤胃臌胀或食滞,按一般前胃疾病治疗,不见效果。随后反刍减少或停止,鼻镜干燥,拱背,表现疼痛,行动谨慎,不愿急转弯或走下坡路,触诊时,病羊疼痛明显,表现抵抗、呻吟、躲闪、脉搏及呼吸加快,病羊排粪减少,有的病羊因肠卡他而下痢,有时因胃出血,粪便呈黑褐色。

创伤性网胃心包炎的病羊表现心动过速,每分钟达 90~120次,颈静脉怒张,叩诊心脏部位时,有明显疼痛。由于心包容积增大,心脏浊音区扩大,出现心包摩擦音及拍水音。颌下及胸前出现水肿。

血液检查,白细胞增多,每立方毫米可达 14000~20000,白细胞分类,中性粒细胞增多,并且核型左移。

根据临床症状和病史,用金属探测器或 X 光透视拍片,可以确诊。

防治措施

①创伤性网胃炎得病以后,很难治好,因此重在预防,严禁在牧场或羊舍内堆放铁器,饲养员不得把尖细铁器用具带入羊舍,在饲料加工设备中安装磁铁,防止异物混在饲料中,被羊食入。

②早期确诊,可施行瘤胃切开术,取出网胃内的异物,如病程发展到心包积脓阶段,或在其他器官如肝脏等形成肿胀,病羊应予淘汰。

③对症治疗,消除炎症,可用青霉素 80 万~160 万单位,链霉素 100 万单位,一次肌肉注射,亦可用磺胺类药物注射或内服,设法使异物能被结缔组织包围。

4. 胃肠炎

胃肠炎是胃肠黏膜及其深层组织发生炎症变化,原发性胃肠炎主要是由于饲养管理不当而引起,饲料品质粗劣,饲料中含有异物,误食毒物,被细菌或霉菌感染的饲料以及不洁的饮水等都能引起本病发生。继发性胃肠炎则多见于羊的某些传染病和寄生虫病。

症　状

由于致病原因不同,其临床症状也不一样,病羊初期出现消化不良,精神沉郁,结膜充血,食欲减退或废绝,烦渴贪饮,出现黄白色舌苔。以后胃肠炎症状逐渐明显,腹部蜷缩,疼痛感明显,肠音初期增强,其后减弱或消失,排稀粪或水样粪便,粪中混有未消化的食物、黏液、黏膜或血液,并且含有大量泡沫,具有难闻的腥臭味,尿量减少,皮肤弹性降低,脱水严重,体温升高,皮温不整,耳朵及四肢冷厥。病至后期,脉搏微细、心力衰竭、病羊虚脱倒地,昏睡、抽搐而死。

中毒性胃肠炎,病羊口腔黏膜充血,出血、舌韧带出血,表层黏膜坏死,食欲废绝,烦渴,不断虚嚼,有的病例出现舌咽麻痹。

慢性胃肠炎病程较长,主要症状与急性病例相同,但病势较缓慢,一般预后不良。

防治措施

①羊发病后,必须立即除去致病原因,并将病畜放于温暖的羊舍中,彻底绝食 2~5 天,每天可根据病羊具体情况进行补液,补液以复方氯化钠溶液为最好,每次输给 1000~1500 毫升,也可适当配合输给生理盐水或糖盐水。酸中毒明显时,可适当配合输给 5%碳酸氢钠溶液;霉菌性胃肠炎,可配合输 10%~25%葡萄糖或 10%硫代硫酸钠,还可在输液中加入适量的抗坏血酸溶液;病情严重及体温较高的,可在输液中加入土霉素、四环素各 0.5 克。补液应缓慢进行,以防增加心脏和肾脏的负担。

②为防止胃肠内容物发酵、抑制炎症发展可选用以下药物:

鱼石脂 2 克、克辽宁 2 克、来苏儿 3 毫升加温水混合后,一次内服。

磺胺脒 4~6 克,小苏打 2~3 克,加水适量,一次内服。

③对继发性胃肠炎,应确诊原发症的病因、病理变化情况,实行综合治疗。

④病情好转时,要特别注意饲养管理和护理工作,病情逐渐恢复后,可给予少量柔软干草或清洁的绿草,最初量要少,以后一天比一天加一点,并逐渐地加一点营养丰富、容易消化的饲料,在护理肠炎病羊时,要注意病羊的消化情况,并注意观察粪便。

5. 子宫内膜炎

在配种、助产及剥离胎衣时,器械或手消毒不彻底、或产后子宫弛缓、蓄积恶露、胎儿死于腹中等导致细菌感染都能引起子宫内膜炎,母羊患有布氏杆菌病、阴道滴虫、阴道炎和宫颈炎也引发子宫炎。

症 状

子宫内膜炎可分急性和慢性两种, 按其病程中发炎的性质,可分为脓性卡他性子宫炎、伪膜性子宫炎和坏死性子宫炎。

急性脓性卡他性子宫炎:母羊产后从子宫排出脓性分泌物,食欲及奶量减少,有时作排尿姿势、呻吟、拱背和努责,无全身症状,体温略有升高。

伪膜性子宫炎:母羊产后从阴门排出混有絮状或颗粒状的淡红、棕黄色的分泌物,食欲减退或废绝,反刍停止,体温升高,病羊经常弓背和努责,因疼痛反应而磨牙、呻吟。

坏死性子宫炎:病羊经常努责,由阴门排出污红色稀糊状液体,含组织碎块,具有恶臭味,精神沉郁,食欲废绝,反刍停止,泌乳减少或无乳,体温升高,病羊敏感、疼痛、阴唇肿胀发炎,阴道黏膜呈暗红色。

慢性子宫炎病情较急性轻微、病程长,子宫分泌物量较少,如治疗不及时,可以发展为子宫坏死,发生败血症或毒血症。

防治措施

①加强对怀孕母羊的饲养管理、适当地给予运动,以增强其抗体抗病力,在交配、人工授精、阴道检查、分娩及助产时,要特别注意彻底消毒,防止母羊受到感染。

②子宫炎的治疗原则是防止感染扩散,因此分娩后的母羊应隔离饲养,待恶露完全排出后再合群。

③及时清除子宫腔的渗出物,用0.1%的高锰酸钾溶液或0.1%的新洁灭溶液300毫升,灌入子宫腔内,用虹吸法排出,每日一次,连用3~5天。

④在冲洗后给羊子宫注入碘甘油3~5毫升,或投放土霉素胶囊(0.5克)1~2枚,消除子宫炎症。必要时可配合皮下注射麦角脑垂体后叶素,促进子宫收缩。

⑤全身症状明显者,可用青霉素160万单位,链霉素100万单位,肌肉注射,每日早晚各一次,连用2~4天。

⑥出现自体中毒现象时,可用10%葡萄糖液100毫升、复方氯化钠液100毫升、5%碳酸氢钠液50毫升,静脉注射,同时肌肉注射抗坏血酸200毫克。

6. 乳房炎

乳房炎是母羊常见的一种疾病,其特征是乳腺发生各种类型的炎症,乳汁发生物理及化学上的变化,泌乳量减少及乳房机能障碍。根据乳腺炎症的过程,可分为浆液性乳房炎、卡他性乳房炎、纤维蛋白性乳房炎、化脓性乳房炎和出血性乳房炎。

乳房炎多因挤乳方法不当,损伤了乳头、乳腺体;或因挤奶时或羔羊吃奶时不注意卫生,使乳房受到细菌感染。引起乳房炎的微生物种类很多,常见的有链球菌、葡萄球菌、化脓棒状杆菌、大肠杆菌等。

症　状

浆液性乳房炎多局限于乳房某一叶中,感染的乳房小叶肿胀增大,皮肤紧张、触诊有热感和痛感,有时肿胀可波及半个乳房,乳头多红肿。产乳量降低、乳汁稀薄、有时含有絮状物。病羊食欲减少、精神沉郁、体温升高。

卡他性乳房炎初期乳房无明显变化,3~4天后乳头壁变为面团状,乳头基部可摸到豌豆到核桃大小不等的结节,全身症状不明显。

化脓性乳房炎乳房红肿,有痛感和热感,脓性乳房炎形成的脓腔与乳腺相通,挤乳时常混有脓汁,若穿透皮肤可形成瘘管。体温升高,经3~4天后,转为慢性。

出血性乳房炎等常见于产后数天,多呈急性,患部肿胀,皮肤上出现红块,温度升高,挤乳时剧痛,由于输乳管出血,乳汁呈淡红色或血色,患叶常出现血肿。

纤维蛋白性乳房炎是由于纤维蛋白渗出,阻碍血液循环,引起乳房化脓和坏死,患叶迅速增大变硬、触诊有痛感和热感,泌乳量减少或停止。全身表现精神沉郁、食欲废绝、体温升高、患侧淋巴结肿大、并伴有前胃弛缓和嗳气,运动时患侧后肢发生跛行。

防治措施

①注意挤乳卫生,及时清除厩舍污物,产羔季节应经常注意检查母羊乳房。为使乳房保持清洁、可用0.1%新洁而灭经常擦洗乳房及其周围。

②治疗乳房炎总的原则是控制炎症发展,促进炎症消散,使其恢复泌乳功能。

浆液性乳房炎全身治疗用青霉素80万~160万单位配安乃近10毫升肌注,每天2次,连用5天,或内服磺胺噻唑、按每千克体重0.15克计算,同时服用等量碳酸氢钠,每天3次,服用3天。乳房有外伤,应按外科常规治疗。乳房红肿初期可冷敷,2~3天后可热敷。

卡他性乳房炎全身疗法与上述相同,局部治疗可用乳房导管灌注青霉素 40 万~80 万单位、2%奴夫卡因 2 毫升,同时增加挤乳次数,每 3 小时一次,挤乳前按摩乳房,使乳汁充分流畅。

化脓性乳房炎治疗原则是尽快消除乳腺中的微生物、除用上述疗法外,可用金银花、板蓝根、黄柏、蒲公英各 50 克煎水去渣冲洗乳腺管,脓汁冲洗净后灌注奴夫卡因青霉素溶液。化脓性乳房炎不能用热敷,以防病灶扩散。

出血性乳房炎应尽量限制病羊运动,以免增加出血量,同时注射安络血、维生素 K 等止血剂。

纤维蛋白性乳房炎的治疗首先应抑制乳腺内的炎性过程,使渗出物排出、可用橡皮导管往乳房内注入 0.1%的雷夫诺尔或 3%硼酸水,充分冲洗乳房内的凝乳块或坏死物,然后灌注 80 万~160万单位青霉素溶液,每天 1~2 次,但严禁按摩乳房,以防炎症扩散。全身症状明显时,参照上述全身疗法。

附录 1 山羊繁殖力指标及其计算方法

1. **受胎率** 受胎率是反映羊群繁殖力的指标,常用来评定母羊群的受胎能力和种公羊的授精能力。山羊一般采用总受胎率,即妊娠母羊数占总配种母羊数的百分比。计算公式为:

总受胎率(%)=(妊娠母羊数/总配种母羊数)×100

一般在每个配种季节结束后统计。计算配种母羊数时,应把有严重生殖疾病的母羊个体排除在外。

2. **繁殖率** 繁殖率可以反映羊群在一个繁殖年度的增殖效率,它是年度内出生的羔羊数对上年末存栏的能繁母羊数的百分比。计算公式为:

繁殖率(%)=(本年度产羔数/上年末存栏繁殖母羊数)×100

3. **产羔数** 指妊娠母羊同窝产出的羔羊总数,包括死胎、木乃伊和畸形羔羊。产活羔数指出生时存活的羔羊总数,包括衰弱羔羊和即将死亡的羔羊。

4. **产羔率** 产羔率可以反映母羊群的产羔能力,是指出生羔羊数与产羔母羊数的百分比。计算公式为:

产羔率(%)=(出生羔羊数/产羔母羊数)×100

5. **双羔率** 指双羔以上的比例。计算公式为:

双羔率(%)=(产活羔羊数-分娩母羊数)/分娩母羊数×100

6. **羔羊成活率** 是指断奶时成活的羔羊数占出生活羔数的百分比。它可以反映羔羊的生活力和羔羊生产者的饲养管理水平的高低。计算公式为:

羔羊成活率(%)=(断奶成活数/产活羔总数)×100

7. **出栏率** 计算公式为:

出栏率(%)=(年内出售肥育羊数/年初存栏数)×100

8. **总增长率**　计算公式为：

总增长率(%)=(繁殖成活羔羊数−成、幼羊死亡数/年初羊总数)×100

9. **纯增长率**　计算公式为：

纯增长率（%）=繁殖成活数−(死亡数+屠宰数+出卖数)/年初羊的总数×100

附录 2 常用名词解释

空怀 空怀指未配或交配错过发情排卵期。

不孕 家畜达到繁殖年龄而不发情或者发情不受胎。

杂种优势 不同品种品系的家畜杂交所产生的杂种后代,生长速度和生产性能超过父母亲本纯繁群体的平均值,生活力和抗逆性也有一定程度的提高,这种现象叫"杂种优势"。

饲料效率 指 1 千克饲料所得到的畜产品数量,计算公式为:

饲料效率=饲喂的饲料量(千克)/生产的肉、蛋、奶(千克)

饲料转化率(饲料报酬) 指生产 1 千克肉(蛋、奶)等畜产品所需的饲料量,也就是通常称的料肉比、料蛋比,其计算公式为:

饲料转化率=生产的肉蛋奶(千克)/喂给的饲料量(千克)

日粮 指在 24 小时之内供给 1 头家畜(禽)的饲料总量。

饲粮 由于绝大多数畜禽采取槽群饲形式,因此在实际操作中要为相同生产目的大群畜禽,配合大批量的混合料,然后按日分顿喂给。这种按日粮中各种饲料的合理比例配得的混合料,称为饲粮。

干物质 指饲料脱水后的剩余物质。包括粗蛋白质、粗脂肪、粗纤维、无氮浸出物、矿物质及维生素等。

胴体和胴体重 屠宰放血,除去毛、头、蹄、尾和内脏的肉体(包括肾脏和板油),叫胴体。所称胴体的重量叫胴体重。

屠宰率 屠宰率是衡量产肉性能的重要指标之一。将静置后的胴体称重后,计算出屠宰率。

$$屠宰率(\%)=\frac{胴体重+内脏重(包括网膜脂肪+肠系膜脂肪)}{宰前活重}\times100$$

净肉重和净肉率　家畜屠宰品质指标之一。净肉重是指将胴体皮、骨、肉分离后的全部肉和油的重量。净肉率是指净肉重与胴体重的百分比,它反映净肉的产量,用公式表示:

$$净肉率(\%) = \frac{净肉重}{胴体重} \times 100$$

相对湿度　湿度即空气潮湿的程度,湿度的高低表示空气中水汽的多少,单位体积空气中含有水汽的多少称为绝对湿度,它与温度的高低无关,故在实用上意义不大。实用上的湿度称为相对湿度,它表示水分在空气中蒸发的快慢,与畜禽饲养环境关系很大。水分的蒸发快慢与气温的高低成正比,与空气中已经含有的水汽成反比。在某一气温下空气中含水汽的量,与该气温下水汽达到饱和时的量相比的百分数,即为相对湿度。相对湿度越高越潮湿;越低越干燥。湿度和温度共同影响畜体,温度高而湿度也大时畜体最不舒适,增重降低;温度适宜时,湿度影响不大。

无公害农产品　是指产地环境、生产过程和产品质量符合一定的标准和规范要求,并经认证合格获得认证证书并允许使用无公害农产品标志的未经加工或初加工的食用农产品。无公害农产品的质量指标主要包括两个方面,即产品中重金属含量和农药(兽药)残留符合规定的标准。

绿色食品　绿色食品是遵循可持续发展原则,从保护和改善农业生态环境入手,在种植、养殖、加工过程中执行规定的技术标准和操作规范,限制或禁止使用化学合成物质及其他有毒有害生产资料,实施"从农田到餐桌"全过程质量控制,以保护生态环境,保障食品安全,提高产品质量。